新型化学材料制备及性能研究

刘　刚　王丽波　王　亚　著

U0242026

中国纺织出版社有限公司

内 容 提 要

本书从材料化学的定义、特点、任务、用途、分类等基础知识入手，阐述了材料的化学基础、材料的制备以及性能分析，同时对广泛应用于各类研究领域的新型化学化工材料的制备方法进行了介绍。内容包括碳纳米材料的制备与性能、金属聚合物复合材料的制备与性能、氧化铋系纳米材料的制备与性能以及高分子材料的制备与性能。本书内容丰富、实用性强、理论与实践相结合，将材料制备与性能测试完整联系起来。本书可作为高等院校材料化学类相关专业教学参考书，还可供从事材料类相关工作的工程技术人员和研究人员阅读参考。

图书在版编目（CIP）数据

新型化学材料制备及性能研究 / 刘刚，王丽波，王亚著 . -- 北京 ：中国纺织出版社有限公司，2025.3
ISBN 978-7-5229-1323-0

Ⅰ . ①新… Ⅱ . ①刘… ②王… ③王… Ⅲ . ①材料科学-应用化学-研究 Ⅳ . ① TB3

中国国家版本馆 CIP 数据核字（2024）第 024991 号

责任编辑：朱利锋 责任校对：高 涵 责任印制：王艳丽

中国纺织出版社有限公司出版发行
地址：北京市朝阳区百子湾东里A407号楼 邮政编码：100124
销售电话：010—67004422 传真：010—87155801
http：//www.c-textilep.com
中国纺织出版社天猫旗舰店
官方微博http：//weibo.com/2119887771
三河市宏盛印务有限公司印刷 各地新华书店经销
2025年3月第1版第1次印刷
开本：787×1092 1/16 印张：10
字数：218千字 定价：78.00元

前　言

　　材料化学是一门研究材料的制备、组成、结构、性质及应用的学科，也是一门运用现代化学的基本理论和方法研究材料的制备、组成、结构、性质及应用的学科。它既是材料科学的一个重要分支，也是材料科学的核心内容，在新材料的发现、合成、制备和修饰等领域做出了特殊的贡献。同时，它又是化学学科的一个重要组成部分。因此，材料化学是一门材料科学与现代化学、现代物理等多门学科相互交叉、渗透发展形成的新兴交叉学科，具有明显的交叉学科的性质。材料化学是在原子和分子水平上设计新材料，具有战略意义和广阔应用前景。学习材料化学可培养学生从化学角度对材料研究提出问题、分析问题、解决问题的能力。

　　本书从材料化学的定义、特点、任务、用途、分类等基础知识入手，阐述了材料的化学基础、材料的制备以及性能分析，同时对广泛应用于各级研究领域的新型化学化工材料的制备方法进行了介绍。内容包括碳纳米材料的制备与性能、金属聚合物复合材料的制备与性能、氧化铋系纳米材料的制备与性能以及高分子材料的制备与性能。本书内容丰富、实用性强、理论与实践相结合，将材料制备与性能测试完整联系起来。本书可作为高等院校材料化学相关专业教学参考书，也可作为其他材料类专业教学参考书，还可供从事材料类相关专业的工程技术人员和研究人员阅读参考。

　　本书参考和引用了众多专家、学者的珍贵资料和研究成果，在此谨向有关作者致以诚挚的谢意！

　　由于作者水平有限，书中难免存在不妥及疏漏之处，敬请广大读者和专家给予批评指正。

作者

2024 年 10 月

目　录

第一章　材料化学

第一节　材料化学概述

一、材料化学的定义

材料化学是一门涉及化学和材料学的交叉科学，也是一门运用现代化学的基本理论和方法研究材料的制备、组成、结构、性质及应用的学科。它既是材料科学的一个重要分支，也是材料科学的核心内容，在新材料的发现和合成、纳米材料制备和修饰工艺的发展以及表征方法的革新等领域做出了独到的贡献，同时又是化学学科的一个重要组成部分。因此，材料化学是一门材料科学与现代化学、现代物理等多门学科相互交叉、渗透发展形成的新兴交叉边缘学科，具有明显的交叉学科、边缘学科的性质。材料化学在原子和分子水准上设计新材料有着广阔的应用前景。

材料是人类赖以生存的重要物质基础之一，材料的有效性总体上取决于下述三个层次的结构因素：

（1）分子结构，属于原始的基础结构，决定材料所具有的潜在功能。

（2）分子聚集态结构，决定材料所具有的实际功能。

（3）构筑成材料的外形结构，决定材料具有某种特定的有效功能。

在分子结构层次上研究材料的合成、制备、理论，以及分子结构和聚集态结构、材料性能之间关系的科学，属于材料化学的研究范畴。

二、材料与化学

材料是能够用于机械设备及其他产品的物质，这种物质具有一定的可以被人类使用的性能或功能。化学试剂在使用过程中通常被消耗并转化成别的物质，而材料一般可重复、持续使用，除了正常的损耗，它不会不可逆地转变成其他物质。化学是研究关于物质的组成、结构和性质以及物质相互转变的科学，也是从微观上研究材料的基础。

三、材料发展的历史及在现代社会中的重要地位

人类社会发展的历史证明，材料是人类生存和发展、征服自然和改造自然的物质基础，

也是人类社会现代文明的重要支柱。材料技术的每一次重大突破，都会引起生产技术的革命，大大加速社会发展的进程，并给社会生产和人们生活带来巨大变化。因此，材料也成为人类历史发展过程的重要标志。

人类文明例如半坡文化，距今约6800年，半坡文化是北方农耕文化的典型代表。半坡文化遗址出土的典型材料是石器和陶器，反映当时的经济生活为农业和渔猎并重，当时的材料以石器、天然木材和草等植物及陶器等为主。

唐朝的建筑材料多为木质结构，建筑规模雄浑，气魄豪迈。唐朝的钱币反映出唐朝冶金技术相当成熟。而唐三彩也是唐朝陶瓷的典范。

人类文明的发展说明，在人类文明中的遥远古代，人类祖先的主要工具是石器，他们在寻找石器的过程中认识了矿石，并在烧陶的过程中发展了冶金技术。5000年前，人类进入青铜器时代。公元前1500～前1200年，人类进入铁器时代，最初使用的是铸铁。后来，炼钢工业迅速发展，钢铁材料成为产业革命的重要内容和物质基础。可以说，没有钢铁材料的发展就没有现代汽车工业，没有有色金属材料和先进复合材料（一般指比强度大于 $4 \times 10^6 m^2/s^2$，比模量大于 $4 \times 10^8 m^2/s^2$ 的结构复合材料）的发展，就没有现代的航空航天事业。新材料使新技术得以产生和应用，而新技术又促进新工业的出现和发展，从而促进社会文明的进步。

200年来，人类经历了四次工业革命。第一次工业革命始于18世纪60年代，以蒸汽机的发明和广泛应用为标志。第二次工业革命始于19世纪六七十年代，以电的发明和广泛应用为标志。第三次工业革命始于20世纪四五十年代，以原子能的应用为标志。第四次工业革命始于21世纪，以计算机、微电子技术、生物技术和空间技术为主要标志。进入21世纪后，人类的科学发明和创造之和超过了过去2000年的总和。

随着有机化学的发展，人工合成有机高分子材料的相继问世，有机高分子材料在20世纪迅猛发展。20世纪30年代，聚酰胺纤维等的合成使高分子的概念得到广泛的确认。后来，高分子的合成、结构和性能研究、应用三方面互相配合和促进，使高分子化学得以迅速发展。各种高分子材料的合成和应用为现代工农业、交通运输、医疗卫生、军事技术以及人们衣食住行各方面，提供了多种性能优异且成本较低的重要材料，成为现代物质文明的重要标志。

高分子工业的发展成为材料化学的重要支柱。树枝状大分子作为一种在20世纪80年代中期出现的新型合成高分子，其具有结构的高度三维有序性、相对分子质量的窄分布性、分子结构的高度规整性，并且是可以从分子水平上控制和设计分子的大小、形状、结构和功能基团的新型高分子化合物。其高度支化的结构、分子内大量的空腔和表面密集的官能团使其在催化剂方面具有潜在的应用。

树枝状大分子具有高度有序的结构，与传统合成的大分子或天然的大分子相比，其优势是显而易见的：合成产物结构可控，单分散性好，可获得相对分子质量单一的产物；溶解性好，外部官能团的性质决定其溶解性，可运用宏观调控的手段来合成水溶性、油溶性及两亲性的产物；产物黏度小，在一般合成过程中会出现一个黏度的极大值后再下降，但不同于传统的聚合物，在合成过程中不会出现凝胶化现象。

树枝状大分子内部含有大量的空腔，外部含有大量的活性功能基团。分子内部的空腔的大小、外部端基的数目和分子之间的尺寸都可以进行严格控制，催化活性中心可以在树枝状大分子的外部，也可以在内部。树枝状大分子除了分子本身的特殊结构外，还具有纳米尺寸，并能以分子形式溶解。

在完成均相反应后，可以通过简单的分离技术将催化剂从反应产物中分离出来，即这类新型催化剂可以实现均相催化剂的固载化。这类新型催化剂大体可以分为两类：一类是催化活性中心在核附近的树枝状大分子，另一类是表面含催化官能团的树枝状大分子。表面含催化官能团的树枝状大分子作载体的手性催化剂，可以通过采用不同的合成方法设计出具有特定结构的树枝状大分子，再将催化活性中心引入树枝状大分子的不同位置，得到具有特定结构的催化剂。这类催化剂不但可以实现均相催化剂的固载化，还可以和纳米过滤技术或膜技术相结合来进行回收，克服了传统均相催化剂的缺点。

20世纪是有机合成的黄金时代。化学的分离手段和结构分析方法已经有了很大发展，许多天然有机化合物的结构问题纷纷获得圆满解决，还发现了许多新的重要的有机反应和专一性有机试剂，在此基础上，精细有机合成，特别是在不对称合成方面取得了很大进展。在不对称合成方面，自19世纪费舍尔（Fischer）开创不对称合成反应研究领域以来，材料化学的不对称反应技术得到了迅速的发展。其间可分为四个阶段：手性源的不对称反应；手性助剂的不对称反应；手性试剂的不对称反应；不对称催化反应。传统的不对称合成反应是在对称的起始反应物中引入不对称因素或与不对称试剂，这需要消耗化学计量的手性辅助试剂。不对称催化合成就是通过使用催化剂量级的手性原始物质来立体选择性地生产大量手性特征的产物。不对称催化合成仅需少量手性催化剂就可将大量前手性底物选择性地转化为特定构型的手性化合物，故在手性化合物合成领域中最受关注，也最有实用前景。它的反应条件温和，立体选择性好，（R）异构体或（S）异构体同样易于生产，且潜手性底物来源广泛，对于生产大量手性化合物来讲是最经济和最实用的技术。对于不对称催化合成，合适的手性催化剂的选择和合成至关重要。近几十年来对过渡金属手性络合物不对称催化反应的研究，为手性化合物的不对称催化合成及产业化开辟了广阔的前景。因此，不对称催化反应（包括化学催化反应和生物催化反应）已被全世界有机化学家高度重视，特别是不少化学公司致力于将不对称催化反应发展为手性技术和不对称合成工艺。

人类社会进入20世纪中叶以来，迎来了以硅材料的应用为基础的信息技术革命时代。例如，半导体材料的出现促进了电子工业的迅速发展，基于硅、锗等半导体材料的大型集成电路问世，使计算机的运算速率大大加快，而体积和质量却大大减小。目前，在大型集成电路中，生产上使用的单晶硅直径已达几十毫米，几乎没有晶体缺陷，几乎不含氧杂质。

新近发展起来的纳米材料化学和分子纳米技术越来越受到世界各国科技界的关注。从石器时代、铁器时代到信息、纳米材料的新纪元，人类文明史就是材料发展史。可以预见，在21世纪，作为"发明之母"和"产业粮食"的新材料的研制将会更加活跃，新材料的发展和利用仍旧是新时代的标志。

四、材料化学的特点

（1）跨学科性。材料化学是学科交叉的产物。

（2）实践性。材料化学是理论与实践相结合的产物，材料通过实验室的材料和化学的研究工作而得到深入的了解，进而指导材料的发展和合理的使用。

（3）材料的变化和控制。化学对材料的发展起着非常关键的作用。

五、材料化学的任务

当今国际社会公认，新材料、新能源和信息技术是现代文明的三大支柱。从现代科学技术发展的过程可以看到，每一项重大的新技术的发现，都有赖于新材料的出现。

材料是人类赖以生存的物质基础，每种材料的实际功能和用途取决于由分子构成的宏观物质的状态和结构，但其原始基础取决于构成它们的功能分子的种类及结构。材料化学在研究开发新材料中的作用，就是用化学理论和方法来研究功能分子以及由功能分子构筑的材料的结构与功能的关系，使人们能够设计新型材料。另外，材料化学提供的各种化学合成反应和方法可以使人们获得具有所设计结构的材料。

材料的广泛应用是材料化学与技术发展的主要动力。在实验室具有优越性能的材料，不一定能在实际工作条件下得到应用，必须通过实际应用研究做出判断，采取有效措施进行改进。材料制成零部件以后的使用寿命的确定是材料应用研究的另一方面，这关系到安全设计和经济设计，关系到有效地利用材料和合理选材。另外，材料的应用研究还是机械部件、电子元件失效分析的基础。通过应用研究可以发现材料中规律性的东西，从而指导材料的改进和发展。化学工程的发展基本沿着两条主线进行：一方面，经过归纳、综合，形成了以传递为主的"三传一反"的学科基础理论；另一方面，随着服务对象和应用领域的不断扩大、学科基础理论与应用领域的交叉渗透，不断产生新的增长点和新的科学分支，特别是随着新能源、新材料、生物技术等新兴产业的出现，化学工程在这些新领域发挥巨大作用的同时也不断推动自身理论水平与技术水平的提高，孵化出材料化学工程、生物化学工程、资源化学工程、环境化学工程等学科分支，为化学工程学科的发展带来了新的活力和更大的发展空间。

在21世纪，人类对各种特殊功能的先进材料的需求会越来越大，尽管利用的是材料的物理性质，但物理性质都是由材料的化学组成和结构决定的，不仅功能分子要用化学方法合成，高级结构也必须通过化学过程来构筑。分子结构—分子聚集体高级结构—材料结构—理化性质—功能之间的关系、合成功能分子与构筑高级结构的理论与方法、生物材料形成过程及结构的模拟仍是材料化学面临的极大挑战。所以，在21世纪，材料化学在指导新材料的研究与开发工作中仍将发挥不可替代的重要作用。

六、材料化学的用途

材料化学是新型材料的源泉，也是材料科学发展的推动力。无论是天然材料还是合成材料，特别是新材料的出现和发展将会给人类的生活提供有力的保证和便利。材料化学已渗透到现代科学技术的众多领域，如生物医药、电子信息、环境和能源领域等，其发展与这些领域的发展密切相关。

（一）生物医药领域

材料可植入人体作为器官或组织的修补或替代品。这就要求材料具备良好的生物相容性，要求材料化学与生物学配合，从材料的结构、组织和表面对材料进行改性，以保护人体组织不与人工骨头置换体和其他植入物相排斥。

（二）电子信息领域

先进的计算机、信息和通信技术离不开相关的材料和成型工艺，而材料化学在其中起了巨大的作用。例如，芯片的制造涉及一系列的化学过程，如光致抗蚀剂、化学气相沉积法、等离子体刻蚀、简单分子物质转化成具有特定功能的复杂的三维复合材料。材料化学可通过电子及光学材料的相互渗透及通过光子晶格对光进行模拟操控而实现设计光子电路和光计算。

（三）环境和能源领域

在环境方面，例如，开发新的可回收和可生物降解的包装材料，也将成为材料化学的一个重要任务。而可回收和可生物降解的包装材料都涉及化学反应或化学方面的知识。

在能源方面，发展低资源消耗的清洁能源，例如，在研究光伏电池、太阳能电池，特别是化学电池和燃料电池的过程中，材料化学起了重要作用。

（四）结构材料领域

结构材料是材料化学涉足最广的领域。材料合成和加工技术的发展使现代汽车比以前更安全、轻便和省油。具有防腐、保护、美化和其他用途的特种涂料也要用到材料化学。无论是无机材料（例如金属、陶瓷、硅、锗—砷化镓、磷化铟等），还是有机材料（例如硝酸纤维、尼龙、涤纶、合成纤维等）都和材料化学密不可分。

七、材料化学的重要意义

在人类发展的历史长河中，每个发展时期都可以用代表当时生产力水平的材料来表示。材料在人们的生活领域中非常重要。人们每天所接触到的不同物质都是由不同的材料构成。一种新材料的成功发现带动一个新兴产业的事例不胜枚举。材料化学是材料科学的一个重要分支学科，在新材料的发现和合成、纳米材料制备和修饰工艺的发展以及表征方法的革新等领域做出了独特贡献。

材料化学可以培养学习者适应社会需要，系统地掌握材料科学的基本理论与技术，具备化学相关的基本知识和基本技能，能运用材料科学和化学的基础理论、基本知识和试验技能在材料科学与化学及其相关领域从事研究、教学、科技研发及相关管理工作的高级专门人才和具有开拓性、前瞻性的复合型高级人才。材料化学对应用化学专业、材料学专业的学生及从事材料研究与制备的工程技术人员来说是一门重要的基础知识。学习材料化学对培养学生从化学的角度对材料研究提出问题、分析问题、解决问题的能力具有重要的意义。与化学、化工等专业相比，材料化学专业更注重研究新材料的开发和应用，同时在一些边缘学科诸如环境、药物、生物技术、纺织、食品、林产、军事和海洋等领域，尤其石油行业或煤炭行业，材料化学专业的人才具有较强的用武之地。材料化学专业是化学与工程两种知识结合的专业，在国民经济发展和科学前沿领域中都起着不可替代的重要作用。

八、材料的分类

材料的分类方法有多种，按照材料的使用性能可分为结构材料和功能材料两类。结构材料的使用性能主要是力学性能，功能材料的使用性能主要是光、电、磁、热、声等性能。材料一般按其化学组成、结构进行分类。通常，基本固体材料可分为金属材料、无机非金属材料、高分子材料和复合材料四大类。材料也可以按功能和用途划分为导电材料、绝缘材料、生物医用材料、航空航天材料、能源材料、电子信息材料、感光材料等。另外，最近还研究出了小尺度的纳米材料。

（一）金属材料

金属材料包括两大类，钢铁材料和有色金属材料。有色金属主要包括铝合金、钛合金、铜合金、镍合金等。金属材料的使用历史是非常悠久的，我国在殷商时期就有青铜器，汉代就开始冶铁，而更大规模的金属材料的开发和使用则是19世纪，在工业革命的推动下，钢铁材料大规模生产。到20世纪30~50年代，就世界范围来说，钢铁材料达到鼎盛时期。那时，钢铁也是整个材料科学的中心。虽然钢铁材料现在有所衰退，但目前仍是使用量最大、使用范围最广的材料。

在有色金属中，铝及铝合金用得最多。虽然铝合金的力学性能远不如钢，但如果设计者把减轻质量放在性能要求的首位，那么最合适的就是铝合金，因为铝合金的密度小、质量轻，密度仅有钢的1/3，因此在现代工业中具有重要的地位。钛合金的高温强度比铝合金好，但钛的价格比铝的价格高出将近5倍。

（二）非金属材料

非金属材料的主要品种是无机非金属陶瓷材料，主要由黏土、长石、石英等组成，主要作为建筑材料使用。而新型的结构陶瓷材料，其主要成分是Al_2O_3、SiC、Si_3N_4等，具有耐高温、硬度大、质量轻、耐化学腐蚀等特性，因此，在现代高新技术领域具有重要的应用价值。例如，航天飞机在进入太空和返回大气层时，要经受剧烈的温度变化，在几分钟之内由室温升高到1260℃，所以用陶瓷作为绝热材料，可以保护机体不受损害。非金属材料在现代电子工业领域也具有重要地位。例如，半导体、光纤、电子陶瓷、敏感元件、磁性材料、超导材料等，都是由无机非金属材料制成的功能材料。可以说，没有这些无机非金属功能材料的成功制备，就没有现代电子工业及计算机信息产业的发展。

（三）高分子材料

人类活动与高分子材料（或称聚合物）有着密切的关系，在漫长的岁月里，无论是人类用于充饥的淀粉或蛋白质，还是用于御寒的皮、毛、丝、麻、棉，都是天然的高分子材料。在相当长的历史中，人类对高分子材料的认识远远落后于实践。直到20世纪30年代，随着科学技术的发展，科学家才可能用物理化学和胶体化学的方法去研究天然和实验室合成的高分子物质的结构和特性。其中德国化学家斯陶丁格（Staudinger），首先提出聚合物的概念，即高分子物质是由具有相同化学结构的单体经过化学反应（聚合）靠化学键连接在一起的大分子化合物，由此奠定了现代高分子材料科学的基础。

高分子材料一般是由碳、氢、氧、氮、硅、硫等元素组成的相对分子质量足够高的有机化合物。之所以称为高分子，就是因为它的相对分子质量高，常用高分子材料的相对分子质量在几千到几百万之间。高相对分子质量对化合物的影响就是使它具有一定的强度，从而可以作为材料使用。因为高分子化合物具有长链结构，许多线形分子纠缠在一起就构成了具有无规则团状结构的聚集状态，这就是高分子化合物具有较高强度，可以作为结构材料使用的根本原因。另外，人们可以通过各种手段，用物理和化学的方法使高分子化合物成为具有某种性能的功能高分子材料，例如，导电高分子、磁性高分子、高分子催化剂、高分子药物等。通用的高分子材料包括塑料、橡胶、纤维、涂料、黏合剂等，其中被称为现代高分子合成材料的塑料、橡胶、合成纤维已成为国防建设和人们生活中必不可少的重要材料。

（四）复合材料

金属、陶瓷、聚合物自身都各有其优点和缺点，如把两种或两种以上的材料结合在一起，发挥各自的长处，可在一定的程度上克服它们固有的弱点，这就产生了复合材料。复合材料的种类主要有聚合物基复合材料、金属基复合材料、陶瓷基复合材料及碳—碳复合材料等，工业上用得最多的是聚合物基复合材料。因为玻璃纤维有高的弹性模量和强度，并且成本低，而聚合物容易加工成型，所以早在20世纪40年代末就产生了用玻璃纤维增强树脂的材料，俗称玻璃钢，这是第一代复合材料。到20世纪70年代，以碳纤维增强聚合物为代表的第二代复合材料开始应用，这类材料在战斗机和直升机上使用得较多，此外在体育、娱乐方面，如高尔夫球棒、网球拍、划船桨、自行车等，多用此类材料制造。

为改变陶瓷的脆性，将石墨、碳化硅（SiC）或聚合物纤维等包埋在陶瓷中，制成的陶瓷基复合材料韧性好，不易碎裂，且可在极高的温度下使用。这类复合材料可作为汽车、飞机、火箭发动机的新型结构材料和宇宙飞行器的蒙皮材料。由硼纤维增强SiC陶瓷做成的陶瓷瓦片，用黏合剂贴在航天飞机外表面，使航天飞机能安全地穿越大气层回到地球。

金属基复合材料目前也应用在航天领域，例如硼纤维增强铝基体的复合材料。美国的航天飞机整个机身桁架支柱均用B-Al复合材料管材，与原设计的铝合金桁架支架相比，质量减轻44%。值得注意的是，复合材料可实现材料性能的最佳结合或者具有显著的各向异性，因此可作为先进的结构材料，应用在民用汽车工业和航空航天等高技术领域。因此，这是个重点开发领域。

近年来，将生物医学材料单独列为一类说明了这一领域的重要性。生物分子构成了生物材料，再由生物材料构成了生物部件。生物体内各种材料和部件都有各自的生物功能，它们是活的，也是被整体生物控制的。生物材料中有很多结构材料，包括骨、牙等硬组织材料和肌腱、皮肤等软组织材料；还有许多功能材料所构成的功能部件，例如，眼球晶状体是由晶状体蛋白包在上皮细胞组织的薄膜内形成的无散射、无吸收、可连续变焦的广角透镜。生物材料可以通过生物工程，如克隆技术或组织工程（由细胞培养组织）来制得；也可以用材料学的方法模拟生物材料制造人工材料，这些人工材料除了具备各种生物功能之外，还必须具有生物相容性，可以作为各种生物部件的代替品，如人工瓣膜、活性人工骨骼、人工关节、人造血浆、人造皮肤、人造血管等。生物材料的人工模拟制造是材料化学的重要发展方向之一。

（五）纳米材料

纳米科技的发展将深刻地影响和改变人类的生活。作为纳米科技的一个重要组成部分的纳米材料，引起了科学家们和工业界研究者们前所未有的关注和兴趣，近年来在此领域的研究进展日新月异，备受瞩目。

纳米技术，如纳米尺度、纳米粒子、纳米相、纳米晶或纳米机械，已经引起了世界的广泛关注。纳米技术得益于19世纪70～80年代对反应物质（自由原子、团簇、反应粒子）的研究，以及当时涌现出的新技术和新设备（如在脉冲团束、质谱、真空技术、显微镜等方面的革新）。由此引发的热情波及众多领域，包括化学、物理、材料科学、工程和技术等。由于纳米材料代表了物质的一个新的领域，具有利用相关知识从事令人感兴趣的基础科学研究的潜力，并且非常实用，这些都进一步推动了人们对纳米材料研究的积极性。

第二节　材料的化学基础

材料由元素构成。同种元素或不同种元素间的原子以一定的方式结合，形成分子或原子的晶体，原子的结合方式与元素的性质相关。元素周期表中元素的性质变化呈现一定的规律性，如第一电离能、电子亲和势、电负性等。对这些物理量及其在周期表中变化规律的把握是研究材料微观结构的基础。

一、元素和化学键

（一）元素及其性质

表1-1是地球上一些元素的相对丰度。从表1-1中可以看出，在地球上含量最丰富的是氧和硅。氧元素大量存在于空气、水和矿石中，而硅元素则主要以硅酸盐、二氧化硅的形式存在于地壳中。

表1-1 地球上一些元素的相对丰度

元素	相对丰度	元素	相对丰度	元素	相对丰度
氧（O）	466000	磷（P）	1180	钒（V）	150
硅（Si）	277200	锰（Mn）	1000	锌（Zn）	132
铝（Al）	81300	硫（S）	520	镍（Ni）	80
铁（Fe）	50000	碳（C）	320	钼（Mo）	15
钙（Ca）	36300	氯（Cl）	314	铀（U）	4
钠（Na）	28300	氟（F）	300	汞（Hg）	0.5
钾（K）	25900	锶（Sr）	300	银（Ag）	0.1
镁（Mg）	20900	钡（Ba）	250	铂（Pt）	0.005
钛（Ti）	4400	锆（Zr）	220	金（Au）	0.005
氢（H）	1400	铬（Cr）	200	氦（He）	0.003

很多元素的单质在常温下是固态，一些单质可以直接作为材料使用，如铜、铁、铝、金、银、碳（金刚石、石墨）。但很多时候都是由不同种元素相互结合构成各种各样的化合物材料。元素的原子之间通过化学键结合，不同的元素由于电子结构不同，形成化学键的倾向也不同。元素的这种性质可以用第一电离能、电子亲和势、电负性等物理量表征。由于元素电子结构的周期性变化，这些物理量在周期表中也存在相应的变化规律。

（1）第一电离能（电离势I_1）。其定义为从气态原子移走一个电子使其成为气态正离子所需的最低能量。所移走的是受原子核束缚最小的电子，通常是最外层电子。

$$原子（g）+I_1 \rightarrow 一价正离子（g）+电子$$

使用由Bohr模型和Schrodinger方程给出的最外层电子能量可以计算出I_1（eV）值（1eV=1.602×10^{-19}J），见式（1-1）。

$$I_1 = \frac{13.6Z^2}{n^2} \tag{1-1}$$

式中：Z 为有效核电荷；n 为主量子数。

电离能的变化规律如下。

①同一周期的主族元素，从左到右作用到最外层电子上的有效核电荷逐渐增大。稀有气体由于具有稳定的电子层结构，其电离能最大。

②同一周期的副族元素，从左至右有效核电荷增加不多，原子半径减小缓慢，其电离能增加不如主族元素明显。

③对同一主族元素来说，从上到下有效核电荷增加不多，但原子半径增加，所以电离能由大变小。

④同一副族电离能变化不规则。

（2）电子亲和势（EA）。它是指气态原子俘获一个电子成为一价负离子时所产生能量的变化。

$$原子（g）+ e^- \rightarrow 一价负离子（g）+ EA$$

（3）电负性（χ）。电负性是元素的原子在化合物中吸引电子能力的标度。元素电负性数值越大，表示其原子在化合物中吸引电子的能力越强；反之，电负性数值越小，相应原子在化合物中吸引电子的能力越弱（稀有气体原子除外）。

（4）原子及离子半径。在周期表中原子和离子的变化趋势 I_1 与和 EA 大致相反。从左到右，有效核电荷逐渐增大，内层电子不能有效的屏蔽核电荷，外层电子受原子核吸引而向核接近，导致原子半径的减小。所以从左到右，原子半径趋于减小，而从上到下，随着电子层数的增加，原子半径增大。

（二）原子间的键合

依据键合的强弱，可以分为主价键和次价键。主价键包括离子键、共价键和金属键，属于较强的键合方式；次价键如氢键是一种较弱的键合力。

（1）金属键就是金属中的自由电子与金属正离子之间构成的键合。

（2）离子键就是正离子和负离子之间由于静电引力而形成的化学键。

（3）共价键就是原子间通过共用电子对所形成的化学键。

当 $\Delta\chi > 1.7$ 时，主要形成离子键；而 $\Delta\chi < 1.7$ 时，则倾向于生成共价键。

（4）氢键，与负电性大的原子 X（氟、氯、氧和氮）共价结合的氢，生成 X—H…Y 型的键。

对于分子来说，范德瓦耳斯力和氢键的形成对熔点、沸点、溶解性、黏度、密度等性质也有显著的影响。

（三）原子间的相互作用与键能

在化学键中，原子基本保证一定的距离，这个距离就是键长。原子间存在吸引力和排斥力，其吸引力源于原子核与电子云间的静电引力，其值与原子间距离 r 呈反比，见式（1–2）。

$$E_A = -\frac{a}{r^m} \qquad (1-2)$$

式中：a和m为常数，对离子来说，m的值为1；对分子来说，公式前面的负号表示吸引能；E_A为原子核与电子云间的静电引力。

两原子核之间以及两原子的电子云之间相互排斥，所产生的能量称为排斥能，其值与原子间距离r呈反比，见式（1-3）。

$$E_R = \frac{b}{r^n} \qquad (1-3)$$

式中：b和n为常数；n的值为排斥指数，与原子的外层电子构型有关；E_R为两原子核间以及两原子的电子云之间的相互排斥能。

吸引能和排斥能之和即为系统的总势能，见式（1-4）。

$$E = E_A + E_R = -\frac{a}{r^m} + \frac{b}{r^n} \qquad (1-4)$$

二、化学材料的几种状态

（一）固体

凡具有一定体积和形态的物体称为固体。固体由分离的原子所组成，组成固体质点之间的相互作用力相当强烈，每立方米中包含10^{29}个原子和更多的电子，原子位置固定，不能自由运动，只能在极小的范围内振动。固体中原子、电子的相互作用取决于化学键。化学键的性质决定固体的硬度、解离性及熔点。固体可压缩性和扩散性都很小，能保持一定的体积和形状。当受到不太大的外力作用时其体积的形状改变很小。外力撤去后能回复原状的物体称为弹性体，不能完全回复原状的物体称为塑性体。原子或原子团、离子或分子按一定规律呈周期性的排列所构成的物质称为晶体。晶体内部质点排列有序，外形规则，分为离子晶体（正、负离子间以离子键结合）、共价晶体（原子间以共价键结合）、分子晶体（分子间以范德瓦耳斯力和氢键结合）和金属晶体（金属原子、金属正离子和自由电子之间以金属键结合）。固体由晶体、非晶体（无定形固体，指组成它的原子或离子在空间无规律地排列的固态物质）和准晶体（人工合成，在合适的条件下可以自发地表现出面平棱直的规则几何外形，而且其内部原子排列更是规整严格、长程定向有序）构成。下面以碳固体材料为例介绍。

1. C$_{60}$

除金刚石、石墨外，还有一些以单质形式存在的碳，其中就有C_{60}分子。C_{60}分子是由60个碳原子构成的分子。其制备方法是用大功率激光束轰击石墨使其气化，用1MPa的氮气产生超声波，使被激光束气化的碳原子通过一个小喷嘴进入真空，膨胀，并迅速冷却形成新的碳分子，即C_{60}。C_{60}在室温下为紫红色固态分子晶体，分子直径约为7.1Å，密度为$1.68g/cm^3$，常态下不导电，不溶于水等强极性溶剂，在四氯化碳等非极性溶剂中有一定的溶解度，有化学活性。

C_{60}是单纯由碳原子结合形成的稳定分子，它具有60个顶点和32个面，其中12个为正五边形，20个为正六边形，其相对分子质量为720。处于顶点的碳原子各以sp^2杂化轨道重叠成σ键，每个碳原子的3个σ键分别为1个正五边形的边和两个正六边形的边，碳原子的3个σ键是非共面的，键角约为108°或120°。每个碳原子剩下的1个p轨道互相重叠形成一个含60个π电子的闭壳层电子结构，因此在近似球形的笼内和笼外都围绕着π电子云。

2. 碳纳米管

碳纳米管和金刚石、石墨等都是碳的同素异形体。碳纳米管上的每个碳原子均为sp^2杂化，以C—C σ键结合起来，形成六边形的蜂窝状结构骨架。每个碳原子上未参与杂化的1对p电子形成共轭π电子云。管的半径只有纳米尺度，轴向上可长达数十到数百微米。碳纳米管具有巨大的长径比，是典型的一维量子材料。碳纳米管的制备方法主要有化学气相沉积法、气体燃烧法、电弧放电法、激光烧蚀法、固相热解法、辉光放电法、聚合反应合成法等。碳纳米管具有高模量、高强度，具有与金刚石相当的硬度和良好的柔韧性。

3. 石墨烯

石墨烯具有良好的导电性，石墨烯中C—C键长为1.42Å，结构稳定，具有良好的韧性和弹性。石墨烯的制备方法主要有两种，即机械方法和化学方法。实际的石墨烯并不是完全平坦的结构，而是存在小山式的起伏，褶皱是二维石墨烯在室温下稳定存在的必要条件。

（二）液体

液体的分子结构介于固体和气体之间，微观粒子不像晶体那样排列有序，也不像气体那样处于完全无序的状态。宏观上液体的流动性、可压缩性、密度和可扩散性也介于固体和气体之间。液体具有各向同性的特点。

1. 液晶

液晶是一大类新型材料，它是晶态向液态转化的中间态，呈现出一种介于固相和液相之间的半熔融流动状液体。该黏稠状流动性液体化合物具有异相晶体特有的双折射率性质，即光学异相性，故将这种似晶体的液体命名为液晶。液晶既保持了晶态的有序性，又具有液态的连续性和流变性。液晶的力学性质像液体，可以自由地流动；它的光学性质却像晶体，分子排列比较整齐，有特殊的取向，分子运动也有特定的规律，具有晶体的有序性。从某一方面看，液晶既有液体的流动性，又有表面张力（指液体表层分子间引力）。但从另一方面看，液晶分子排列杂乱无章，只有近程有序的特点，而没有不可改变的固定结构，因此，它也呈现出某些晶体的光学性质（如光学的各向异性、双折射性、圆二向色散性等）。液晶只能存在于一定的温度范围内，这一温度范围的下限T_1称为熔点，其上限T_2称为清亮点，当温度$T<T_1$时，液晶就变成普通晶体，失去流动性；当温度$T>T_2$时，液晶就变成普通透明液体，失去上述光学性质，成为各向同性液；只有在这两种温度范围内，物质才处于液晶态，才具有种种奇特的性质和许多特殊的用途。形成液晶的有机分子通常是具有刚性结构的分子，相对分子质量一般在200~500，长度达几十埃，长宽比在4~8。

（1）液晶的分类。液晶材料主要是脂肪族、芳香族、硬脂酸等有机物，液晶也存在于生物结构中，适当浓度的肥皂水溶液就是一种液晶。目前已经发现或人工合成的液晶材料已达5000多种。按照形成的条件不同，液晶可分为热致液晶和溶致液晶两大类。使熔融的液体降温，当温度降到一定程度后，分子的取向有序化，从而获得各向异性熔体，这种液晶就称为热致液晶。将有机分子溶解在溶剂中，使溶液中的溶质浓度增加，可以使有机分子排列有序，从而获得各向异性的溶液，这种液晶即称为溶质液晶。

根据分子的不同排列情况，液晶可分为向列型、胆甾型和近晶型三种。具有单一取向，而不是长程有序的简单排列的液晶称为向列型液晶（也称为线状液晶）。这种液晶分子在空间上具有一维的规则性排列，棒状液晶分子长轴会选择某一特定方向作为主轴并相互平行排列，但排列较无序。另外，其黏度也较小，所以较易流动。线状液晶就是现在的TFT液晶显示器常用的TN型液晶。

由手性分子组成的液晶称为胆甾型液晶。这是因为这种液晶大部分是由胆固醇的衍生物所生成的（也有例外），如果把这种液晶一层一层分开来看，很像线状液晶，但从z轴方向看，会发现它的指向矢随着层的不同而呈螺旋状分布。胆甾型液晶指向矢的垂直方向分布的液晶分子由于指向矢的不同，就会有不同的光学或者电学的差异，因此也造成了不同的特性。

在近晶型（层状液晶）排列状态下，液晶的结构是由液晶棒状分子聚集在一起形成层结构，每一层的分子的长轴方向相互平行，且此长轴方向对于每一层平面是垂直的或有一倾斜角。由于其结构非常近似于晶体，所以称作近晶型，其秩序参数S趋近于1。在层状液晶层与层间的键会因温度的升高而断裂，所以层与层间较易滑动，但每一层内的分子键较强，所以不易被打断。因此就单层来看，不仅排列有序，且黏性较大。就其指向矢的不同可再分出不同的近晶型液晶。当液晶分子的长轴都是垂直站立时，称为近晶型A；如果液晶分子的长轴站立的方向有倾斜角度，则称为近晶型C。因为它们在层与层之间没有相同的位置规律，所以一般称为二维液晶。

近年来，向列型液晶已用于电子工业，作为信息显示的材料，还用于分析化学（气相色谱和核磁共振）等方面。胆甾型液晶用于温度指示、无损伤探测及医疗诊断等方面。

（2）液晶的应用——液晶显示器。目前，市场上的液晶显示器主要有TN、STN及TFT三种。

①TN型。TN型液晶显示器的基本构造为上下两片导电玻璃基板，其间注入向列型液晶，上下基板外侧各加一片偏光板，并在导电膜上涂布一层通过摩擦形成极细沟纹的配向膜。由于液晶分子拥有液体的流动特性，很容易顺着沟纹方向排列。当液晶填入上下基板沟纹，以90°垂直于所配置的内部平面时，接近基板沟纹的束缚力较大，液晶分子会沿着上下基板沟纹方向排列；中间部分的液晶分子束缚力较小，会形成扭转排列。因为使用的液晶是向列型的液晶，液晶分子扭转90°，故称为TN型。若不施加电压，则进入液晶元件的光会

随着液晶分子扭转方向前进，因上下两片偏光板和配向膜同向，故光可通过，形成亮的状态；施加电压时，液晶分子朝施加电场方向排列，垂直于配向膜，则光无法通过第二片偏光板，形成暗的状态。这种亮暗交替的方式可做显示用途。

TN结构最简单，其显示品质、反应速度和视角较差，主要用于显示简单数字与文字的小尺寸荧幕，如电子表、呼叫器等。

②STN型。新一代的STN液晶显示器的基本工作原理和TN型的大致相同，但是在液晶分子的定向处理和扭曲角度方面不同。STN显示元件必须作预配向处理，使液晶分子与基板表面的初期倾斜角增加。此外，在STN显示元件所使用的向列型液晶中加入微量胆甾型液晶，可使向列型液晶旋转角度为80°~270°，为TN型的2~3倍。STN型液晶由于响应速度较快，且可加上滤光片等，使显示器除了有明暗变化以外，也有颜色变化，形成彩色显示器。

STN的显像品质及反应速度比TN快，主要应用于对反应速度要求较快、显像品质尚可的应用领域，如个人电子助理、移动电话、笔记本电脑等。

③TFT型。TFT型液晶显示器（薄膜晶体管有源矩阵液晶显示器）与前两种显示器在基本元件及原理上皆类似。最大的不同点为驱动方式不同，TN型和STN型皆采用单纯矩阵式电路驱动，而TFT型则采用精密矩阵式电路驱动。TFT型的液晶显示器较为复杂，其主要构件包括荧光管、导光板、偏光板、滤光板、玻璃基板、配向膜、液晶材料、薄膜式晶体管等。首先，液晶显示器必须利用背光源，也就是荧光灯管投射出的光源，这些光源会先经过一个偏光板再经过液晶，这时液晶分子的排列方式改变穿透液晶的光线的角度。然后，这些光线还必须经过前方的彩色滤光膜与另一块偏光板。因此，只要改变刺激液晶的电压值，就可以控制最后出现的光线强度与色彩，进而可以在液晶面板上变化出深浅不同的颜色组合。

TFT在显像品质、反应速度上超越TN及STN型较多，其应用领域偏向于高画质且反应速度更快的产品，如大尺寸笔记本电脑、液晶投影机等。

2.离子液体

离子液体常被称为室温离子液体，是指在室温或室温附近呈液态的、仅由离子组成的物质。组成离子液体的阳离子一般为有机阳离子（如烷基咪唑阳离子、烷基吡啶阳离子、烷基季铵离子、烷基季膦离子等），阴离子可为无机阴离子或有机阴离子。离子液体具有以下几个优点：具有较大的稳定温度范围（-100~200℃）、较好的化学稳定性及较宽的电化学稳定电位窗口；不易挥发，几乎没有蒸气压，在使用过程中不会给环境造成很大压力；通过阴阳离子的设计可调节其对无机物、水、有机物及聚合物的溶解性，并且其酸度可调至超酸性。

（1）离子液体的分类。离子液体包括两大类。一类是简单的盐，由有机阳离子和阴离子组成。有机阳离子通常包括季铵盐阳离子、季膦盐阳离子、杂环芳香化合物及其天然衍生物等。另一类是二元离子液体（即含有平衡的盐），例如，$AlCl_3$和氯化1-甲基-3-乙基咪唑盐的混合物，它含有几种不同的离子系列，其熔点和性质取决于组成，常用$[C_2mim]Cl-AlCl_3$来表示这个络合物。将固体的卤化盐与$AlCl_3$混合而得到液态离子液体，反应过程会大量放热，通常可采用交替的办法将两种固体慢慢加热以利于散热。对以此类离子液体为溶剂的化学反应的研究比较早。此类离子液体具有许多优点，但是对水极其敏感，要完全在真空或惰性气体下进行处理和应用，质子和氧化物杂质的存在对在该类离子液体中进行的化学反应有决定性的影响。

（2）离子液体的特性。可以通过选择合适的阳离子和阴离子来调配离子液体的物理化学特性，如熔点、黏度、密度、亲水性和热稳定性等。各种特性中尤其是对水的相容性调节对离子液体在分离产物和催化剂方面的应用极为有利。以下分别论述离子液体的结构形貌与其物理化学性能间的关系。

①熔点。熔点是离子液体重要的特征性判据。离子液体熔点较低，在室温下为液体。离子液体的主要成分是氯化物，由不同氯化物的熔点可知，氯化物阳离子的结构特征对其熔点具有明显的影响。阳离子结构的对称性越低，离子间相互作用越弱，阳离子电荷分布越均匀，离子液体的熔点就越低；同时，阴离子体积增大，也会使得熔点降低。所以，低熔点离子液体的阳离子必须同时具备低对称性、弱的分子间作用力和阳离子电荷分布均匀的特征。

②溶解性。有机物、无机物等不同的物质可溶解于离子液体中，所以离子液体是很多反应的优良溶剂。在选择和使用离子液体时，需要系统地研究其溶解特性。离子液体的溶解性与其阳离子和阴离子的特性密切相关。以正辛烯在含相同甲苯磺酸根阴离子的季铵盐离子液体中的溶解性为例，可说明阳离子对离子液体溶解性的影响。正辛烯的溶解性随着季铵阳离子的侧链变大，即非极性特征增加而变大，所以，改变阳离子的烷基可以调整离子液体的溶解性；同时，阴离子对离子液体溶解性也有较大的影响。离子液体的介电常数超过某一特征极限值时，可与有机溶剂完全混溶。

③热稳定性。杂原子—碳原子之间的作用力和杂原子—氢键之间作用力决定了离子液体的热稳定性，这些作用力与组成的阳离子和阴离子结构和性质密切相关。同时，离子液体的水含量也对其热稳定性有一定的影响。

④密度。阴离子和阳离子的种类决定了离子液体的密度。通过分析可知，含不同取代基咪唑阳离子上 $N-$ 烷基链的长度与密度呈线性关系，随着有机阳离子变大，离子液体密度变小。因此，可以通过阳离子结构的调整来调节离子液体的密度。阴离子对密度有更大的影响，阴离子越大，离子液体的密度也越大。因此，设计不同密度的离子液体，首先应该选择阴离子来确定大致密度范围，然后通过选择阳离子来进行密度微调。

（3）离子液体的合成。离子液体的合成大体上有两种基本方法：直接合成法和两步合成法。

①直接合成法。直接合成法是通过季铵化反应或酸碱中和反应一步合成离子液体，直接合成法经济，操作简便，没有副产物，产品易纯化。

②两步合成法。两步合成法是首先通过季铵化反应制备出含目标阳离子的卤盐，然后加入路易斯（Lewis）酸 MX，或用目标阴离子 Y^- 置换出 X^- 离子来得到目标离子液体。在第二步反应中，使用的金属盐 MY 通常是 AgY 或 NH_4Y，产生 AgX 沉淀或 NH_3、HX 气体而易除去。为了置换，加入强质子酸 HY，要求在低温搅拌条件下进行，然后多次水洗至中性，

用有机溶剂提取离子液体。

高纯度二元离子液体通常是在离子交换器中利用阴离子交换法来制备的。

（4）离子液体的设计。在离子液体的使用中要选择适合的阴阳离子，通过对离子液体的设计，如接入特定的官能团等来调整离子液体的性质（如熔点、黏度、疏水性等）以满足需要。

①阳离子。阳离子中应用较多的是咪唑阳离子，且不对称的二烷基咪唑盐有较低的熔点。离子液体的含水量、密度、黏度、表面张力、熔点、热力学稳定性等特性可以通过改变阳离子的烷基链长度和阴离子的性质来实现。通过在咪唑盐上引入特殊用途的官能团可把其用作共溶剂。

②阴离子。阴离子选择的种类较多，通过改变阴离子可以容易地调控离子液体的特性。例如，碳甲硼烷盐（$CB_{11}H_{12}^-$）是惰性最强的阴离子，但是，1位上很容易烷基化而生成新的衍生物，形成熔点稍高于室温的离子液体。通过用强的亲电试剂取代硼氢键得到的 $[1-C_3H_7—CB_{11}H_{11}]^-$ 在45℃时熔融，从而可以系统地改变这一阴离子的性质，这是传统有机溶剂所不具备的性质；而且它具有非常弱的亲核性和氧化还原惰性，从而可以用于分离新的超强酸。

（5）离子液体的应用。离子液体有着广泛的应用，如下述几方面。

①化学反应。离子液体最常见的应用是作为反应系统的溶剂。

②分离。离子液体能溶解某些有机化合物、无机化合物和有机金属化合物，所以非常适合作为分离、提纯的溶剂，尤其是在液—液提取分离上。

③离子液体电解质。离子液体是理想的电解质，具有高的离子电导率（大于 10^{-4}S/cm）、宽的电化学窗口（大于4V）、氧化还原过程中高的离子移动速率（大于 10^{-4}m/s），低挥发性、不可燃、良好的热稳定性和良好的化学稳定性等优点。

离子液体用作电解质的缺点是黏度太高，但只要加入少量的有机溶剂就可以大大降低其黏度，提高其离子的电导率，并且有高沸点、低蒸气压、宽阔的电化学窗口等优点。由于离子液体固有的特性及电化学窗口比水溶液电解质大许多等特点，在锂离子电池中已经得到广泛的应用。在大分子中引入离子液体可得到高离子导电聚合物，这些高离子导电聚合物可应用于聚合物锂离子电池、太阳能电池、燃料电池、双电层电容器等方面。

（三）气体

气体分子间距离很大，分子间相互作用力很小，彼此之间约束力很小，所以气体分子的运动速度较快，它的体积和形状都随着容器而改变。气体的液化需要两个条件：降温和增压。通过加压使某气体液化所允许的最高温度称为该气体的临界温度；在临界温度以上，无论怎样加大压力都不能使气体液化，气体的液化必须在临界温度以下才能发生。在临界温度时，使气体液化需要施加的最小压力称为该气体的临界压力；在临界温度和压力下，1mol气体具有的体积称为该气体的临界体积；物质在临界状态时气液同性，状态不分。目前，人们可以在临界状态下合成一些通常情况下难以制备的物质，利用物质的临界性质进行分离、提取一些常规情况下难以提取的特殊物质。

等离子体被称为物质的第四态或称等离子态。等离子体是电离的气体，是由大量的自由电子和离子以及中性粒子组成的集合体。电离的气体与普通气体有本质的区别。首先，它是一种导电流体，但又能在与气体体积相比拟的宏观尺度内维持电中性。其次，气体分子间并不存在静电磁力，而电离气体中的带电粒子间存在库仑力，由此导致带电粒子群的种种整体运动。最后，作为一个带电粒子体系，其运动行为会受到磁场的影响和支配。无论部分电离还是完全电离，电离气体中的正电荷总数和负电荷总数在数值上总是相等，这也是"等离子体"的得名由来。

等离子体主要利用等离子体发生器产生，即在低温下，高频和高压的电源将气体介质激活，使之电离成等离子体。等离子体的温度依赖于等离子体的生成条件，特别是电流和压力。系统的电子温度和气体温度平衡时具有的温度为 $10^3 \sim 10^4$K 数量级的等离子体称为热等离子体；气体温度接近常温，而电子温度在 $1 \sim 10^5$K 的等离子体称为低温等离子体。热等离子体具有高能量密度，用于强热源的金属切割和焊接；低温等离子体应用更为广泛，主要用于等离子体成膜、等离子体表面改性、等离子体刻蚀、射频激发离子镀、等离子体化学气相沉积等。等离子体气相沉积技术几乎应用在各种材料领域，特别是在电子材料、光学材料、能源材料、机械材料等无机新材料及高分子材料的薄膜制备和表面改性方面，显示出独特的功能和巨大的应用潜力，在许多领域已被作为主要的生产技术。

在距地面 $60 \sim 1000$km 的高空有一个电离层，就是由等离子体组成的。这个电离层中，等离子体的电离度和密度都很低，不会影响飞行器的正常飞行和无线电设备的正常工作。可以使用特殊的方法和设备对空气中等离子体的电离度和密度进行强化，进而可以实现有效的反雷达侦察目的，而且还能毁灭进入等离子体层的各种飞行器。

（四）配位化合物

配位化合物简称配合物，又称络合物，是一类组成复杂、应用极广的化合物。绝大多数无机化合物都是以配合物形式存在，配位化学在整个化学领域已经成为一个不可缺少的组成部分。

人体中的无机元素，特别是微量元素，绝大多数都以配合物的形式存在，尤其是许多金属酶在人体中起着重要作用。例如，亮氨酸酶就是含锰离子的酶，若失去锰离子，该酶就失去活性。即使一些常量元素，在体内有的也是以配合物形式存在，如肌钙蛋白就是含钙离子的蛋白质，它对肌肉的收缩起作用。因此，配合物起到了由无机到有机乃至生命的桥梁作用。

1.配合物的基本概念

（1）配合物的定义。一个简单正离子（或原子）与几个其他负离子（或分子）以配位键相结合，形成具有一定特征且能独立稳定存在的复杂的化学粒子，称为配离子或配分子。

例如：

$$AgCl+2NH_3=[Ag(NH_3)_2]^{+}+Cl^{-}$$

方括号内都有一个以配位键结合起来的相对稳定的复杂结构单元，称配合单元。配合单元可以是阳离子，也可以是阴离子，配合单元的阳离子和阴离子分别叫作配阳离子和配阴离子，统称配离子。它们与电荷相反的离子组成配合物，其性质就像无机盐一样，称为配盐。有些配合单元是中性分子，如 $[Ni(CO)_4]$，这种配合物又叫作配位分子。

（2）配合物的组成。在 $[Ag(NH_3)_2]Cl$ 中，处于中心位置的银离子叫作中心原子。中心原子或中心离子一般是过渡金属（d区或ds区）元素的原子和离子，它们都具有空轨道，是电子对的接受体，是较强的配合物的形成体。在中心原子周围直接配位着一些围绕中心原子的分子或简单离子，叫作配体。中心离子与配体构成配离子，配位单元结构之外的异电性离子即配合物的外界。

配体是配合单元中与中心离子和中心原子配合的离子或分子，它们的特点是含有孤对电子。配体中直接与配位键与中心离子或中心原子相连接的原子叫配位原子，也叫键合原子（如 $[Cu(NH_3)_4]^{2+}$ 中的N原子）。与中心离子结合的配位原子总数叫中心离子的配位数。只含一个配体原子的配体叫单齿配体，如 F^- 和 CN^-；含多个配位原子的配体叫多齿配体，如乙二胺为双齿配体，次氨基三乙酸为四齿配体等。

对于单齿配体形成的配合物来说，中心原子的配位数等于配体的数目。若配体是含有 n 个配位原子的多齿配体，则中心原子配位数是配体数的 n 倍。

影响配位数的因素很多，主要是与中心离子或中心原子和配体本身的性质有关，同时与形成配合物时中心离子与配体的浓度和温度有关。一般来说，中心原子所带电荷越多，体积越小，越易形成稳定的配离子。中心原子的电荷数越高、越多，吸引配体的能力越强，配位数就越大。配体的电荷越多，中心原子对配体的吸引力就越强，但又大大增加了配体之间的斥力，使配位数减少。另外，如果配体半径太大，会削弱中心离子对周围配体的吸引力，也会使配位数减少。中心原子的半径越大，其周围可容纳的配体越多，配位数也越大，但中心原子的半径过大，又会减弱它与配体的配合能力，从而减少配位数。在形成配离子时，配体的浓度增大和反应时的温度降低，都有利于形成高配位数的配合物。当反应温度升高时，配位数通常减小。这是因为热运动加剧时，中心原子与配体的振幅加大，从而使中心原子的近邻减少，即配位数减少。

（3）内界和外界。中心离子或中心原子与配位体形成的配离子，在配合物结构中称为内配位层或内界，配合单元结构之外的异电性离子称为配合物的外界。外界的离子与配离子以静电引力相结合，达到电中性而稳定存在。

2.配合物的空间结构及异构现象

两种或两种以上的化合物，具有相同的化学式但结构和性质不相同，它们互称为异构体。配合物的立体结构以及由此产生的各种异构现象是研究和了解配合物性质和反应的重要基础。

（1）配合物的空间结构。配合物的立体结构或空间结构与中心原子的配位数有密切的关系。可以用X射线、紫外及可见光谱、红外光谱、拉曼光谱、核磁共振、顺磁共振、旋光光度、穆斯堡尔谱确定。X射线对晶体结构分析证实，配体是按一定的规律排列在中心原子周围的，而不是任意的堆积。中心原子的配位数与配离子的空间结构有密切关系。配位数不同，离子的空间结构不同，即使配位数相同，由于中心原子及配位体种类以及作用情况不同，配离子的空间结构也不同。为了减小配体之间的静电排斥作用，配体要尽量互相远离，因而在中心原子周围采取对称分布状态，配合单元的空间结构测定证实了这种推测。例如，配位数为2时，采取直线型；配位数为3时，采取平面三角形；配位数为4时，采取四面体或平面正方形。配位数是用来对配合物分类的一个参数，相同的配位数意味着相似的磁性质和电子光谱。

（2）配合物的异构现象。化学组成相同而结构不同的复杂粒子叫作同分异构体。分子式相同而原子间的连接方式或空间排列方式不同的情况叫作化合物的异构现象。异构现象在其他化合物中比较少见，但在配合物中是普遍存在的现象。配合物中存在异构现象，大部分是由于内界组成即配离子的空间结构不同而引起的。配合物的异构一般可分为两大类：构造异构和立体异构。

①构造异构。化学式相同而成键原子的连接方式不同引起的异构为构造异构。这类异构现象的表现形式有很多。

a.水合异构。化学组成相同的配合物，由于水分子处于内、外界的不同而引起的异构现象称为水合异构体。

b.电离异构。电离异构是由配合物中不同的酸根离子在内、外界之间进行交换形成的。

c.配位异构。形成盐的阳离子和酸根离子皆为络离子的情况下才有可能产生配位异构。配位异构是由配体在配阴离子和配阳离子之间的分配不同而引起的异构现象。

d.聚合异构。同系列的聚合异构体中，各个配合物的相对分子质量正好为该系列中最简式相对分子质量的整数倍。

e.键合异构。同一种多原子配体与金属离子配位时，由于键合原子的不同，造成的异构现象称为键合异构。

②立体异构。分子式相同，成键原子的连接方式也相同，但其空间排列不同，由此引起的异构称为立体异构体。

a.非对应异构。凡是一个分子与其镜像不能重叠者即互为对映体，而不属于对映体的立体异构体皆为非对应异构体。

b.顺反异构。顺反异构也称几何异构，是由于双键不能自由旋转引起的，有顺式异构和反式异构之分。两个相同原子或基团在双键或环的同侧的为顺式异构体；两个相同原子或基团在双键或环的两侧的为反式异构体。

c.对映异构。若一个分子与其镜像不能重叠，则该分子与其镜像互为对应异构，它们的关系如同左右手一样，故称两者具有相反的手性，这个分子即为手性分子。对应异构体的物理性质（如熔点、水中溶解度等）均相同，只是它们对偏振光的旋转方向不同，因此，对映异构又称旋转异构。产生手性分子的充分必要条件是它的构型中没有象转轴。

d.其他异构。如果用一个简单的划分标准，那么上面讨论的异构现象是相对于经典的八面体配合物而言，并且每个配合物的结构是唯一且不随时间变化的。如果上述两个条件之一没有满足，会得到全新意义上的异构体。

3.配合物的化学键理论

配合物中的化学键主要是指中心原子与配体配原子之间的化学键。目前，对于这种化学键的讨论主要有三种理论：价键理论、晶体场理论和分子轨道理论（又叫配位场理论）。

（1）价键理论。①配位单元是以配体所提供的孤对电子填入中心原子的空轨道而形成配位键。因此，配位单元的形成要具备两个条件。

a.中心原子必须有空的电子轨道，通常是指（$n-1$）d、ns、np等轨道。有了空的电子轨道，才能接受孤对电子而形成配位键。过渡元素的离子（或原子）一般都具有空的价电子轨道，因此可作为配离子的中心原子。

b.配体必须至少有孤对电子。

②中心原子所提供的空轨道，在形成配合物的过程中必须先进行杂化，原子轨道杂化后可使成键能力增强，形成的配位单元更加稳定。

当中心原子的杂化轨道分别与配位原子的孤对电子轨道在一定的方向上彼此接近时，发生最大重叠而形成配位键，组成各种空间结构的配合物。

③内轨型和外轨型配合物。中心原子所提供的空轨道是采用最外层的ns、np和nd轨道杂化而形成配位单元，叫作外轨型配位单元。凡配位体的孤对电子填入中心离子的外层杂化轨道所形成的配合物，称为外轨型配合物。若中心原子提供的空轨道采用一部分次外层（$n-1$）d、ns和np轨道所形成的配位单元叫作内轨型配位单元。

一种配位单元是外轨型还是内轨型，一般是根据磁矩试验来测定。当形成外轨型配位单元时，中心原子的未成对电子前后并没发生变化，未成对电子较多，所以磁矩较大；而形成内轨型配位单元时，中心原子的未成对电子大多会发生变化，未成对电子数减少或等于零，所以，磁矩较小或等于零。

（2）晶体场理论。①中心原子是带正电的点电荷，配体是位于中心原子周围一定空间位置上带负电荷的点电荷，中心原子和配体之间完全靠静电引力结合而放出能量，体系能量降低，类似于晶体中阴阳离子的作用，这是配合物稳定的主要原因。

②由于配体静电场的影响，处于中心原子最外层的5个d轨道发生能级分裂，造成电子重新排布，即原来能量相同的5个d轨道会分裂成两组以上能量不同的轨道，体系能量降低，从而形成稳定的配合物。

影响分裂能的因素如下。

①配体的场强。对于给定中心原子的情况，分裂能的大小与配体的场强有关，场强越大，分裂能就越大。

②中心原子的电荷数。在配体相同的条件下，分裂能变化值 ΔE 随中心原子电荷数的增大而增大。一般三价中心原子配合物的 ΔE 要比二价中心原子的 ΔE 大40%～80%。

③中心原子的半径。中心原子电荷数相同，配体相同的配合物的分裂能随中心原子半径的增大而增大。半径越大，d轨道离核越远，受配体负电场影响越强烈，分裂能就越大。配合物的构型不同分裂能也不同，这是由于中心原子d轨道在不同方向上所受斥力不同，如平面正方形、正八面体和正四面体的分裂能由大到小依次降低。

总之，强场配位体导致较大的分裂能，弱场配位体导致较小的分裂能；形成高自旋配合物还是低自旋配合物取决于成对能和分裂能的相对大小，成对能大于分裂能时形成高自旋配合物，相反则形成低自旋配合物；无论是形成高自旋配合物还是低自旋配合物，配合物都应处于最有利的能量状态。

晶体场理论很好地解释了过渡金属配合物的颜色问题。在过渡金属配合物中，不等价的d轨道能量差相对较小，这样，当d轨道上的电子吸收了可见光能量后，就可从较低的能级激发到较高的能级上去，这就使配合物呈现颜色。含有$d^4 \sim d^9$电子的配合物都是有颜色的。

（五）螯合物

多齿配体与中心原子形成形状如蟹的螯钳夹着中心原子，故名螯合物（也称内配合物）。能与中心原子形成环状螯合物的多齿配体叫作螯合剂。形成螯合物要满足下两个条件。

（1）每个配体要含有两个或多个能提供孤对电子的配位原子，常见的是N和O，其次是S，还有P、As等。

（2）配体的配位原子之间必须相隔2～3个其他原子，以便形成五元环或六元环的稳定配合物。

螯合物的特殊稳定性源于它的环形结构，环越多越稳定。由于生成螯合物而使配合物的稳定性大大增加的作用叫作螯合效应。由于螯合物特别稳定，故在颜色、溶解度方面的性质都发生了很大的变化，许多金属螯合物都具有特征性的颜色，都能溶于有机溶剂，这些性质使螯合物具有广泛的用途。

第二章 材料制备与性能分析

第一节 材料制备

一、概述

材料制备工艺是发展材料的基础。传统材料可以通过改进工艺提高产品质量、劳动生产率以及降低成本。新材料的发展与工艺技术的关系更为密切。例如，由于外延技术的出现，可以精确地控制材料到几个原子的厚度，从而为实现原子、分子设计提供了有效的手段。快冷技术的采用为金属材料的发展开辟了一条新路，首先是非晶态的形成，出现了许多性能优异的材料；其次，通过快冷技术得到超细晶粒金属，提高了材料的性能；此外，通过快冷技术发现了准晶态的存在，改变了晶体学中的某些传统观念。许多性能优异、有发展前途的材料，如工程陶瓷、高温超导材料等，由于脆性和稳定性问题及成本太高而不能被大量推广，这些问题都需要工艺革新来解决。因此，发展新材料必须把工艺技术的研究与开发放在十分重要的位置。

二、陶瓷工艺

（一）陶瓷材料的工艺流程及原材料

陶瓷材料是一类无机非金属材料，它是用天然或合成化合物经过成型和高温烧结而制成的。一般来说，传统陶瓷合成经历的步骤为材料精选（矿物精选）→化学处理→原料粉化→制备陶瓷粉→生坯（成型）→烧结→机械加工→陶瓷成品。其中，最为关键的环节是陶瓷粉制备与生坯烧结。在制造一些特种陶瓷时，主要制备工艺包括陶瓷粉制备、成型和烧结。大多数碳系、氮系等特殊陶瓷采用化学合成法直接制备。

制造传统陶瓷的主要原料包括黏土、石英和长石矿三种，辅料很多，常见有磁石、铝土矿、滑石、硅灰石、锂云母、方解石、菱镁矿、白云石等。

黏土类原料是一类细分散、由多种含水铝硅酸盐组成的层状矿物结构，层片由硅氧四面体和铝氧八面体组成，主要化学成分为 SiO_2、Al_2O_3 和结晶水（H_2O）等。大多数黏土由多种微细矿物组成，可以根据所含主要矿物的种类不同，将黏土分成几个类型，如高岭土、蒙脱土（膨润土）、伊利石（水云母）、黏土等，其中最主要的是高岭土。

石英原料的主要化学成分是 SiO_2，一般情况下会含有少量的 Al_2O_3、Fe_2O_3、CaO、MgO、TiO_2 等杂质成分。自然界中的水晶、脉石英、砂岩、石英岩、石英砂等都属于石英类矿物。石英一般呈乳白色或灰白色半透明状，具有玻璃光泽或脂肪光泽，莫氏硬度为7，其密度变动范围为 $2.22 \sim 2.65g/cm^3$。

长石一般用作坯料、釉料、色料熔剂等的基本成分，是日用陶瓷的三大原料之一。长石类矿物是架状结构的碱金属或碱土金属的铝硅酸盐。自然界中的长石种类基本上可分为四种：钠长石、钾长石、钙长石、钡长石。

在陶瓷工业中，长石主要是作为熔剂使用的，它也是釉料的主要原料，因此，其熔融特性对于陶瓷生产具有重要的意义。一般要求长石具有较低的始熔温度、较宽的熔融范围、较高的熔融液相黏度和良好地熔解其他物质的能力，这样可使坯体在高温下不易变形，便于提高烧成的合格率。

（二）陶瓷粉体的制备

陶瓷粉体制备是陶瓷制造的关键步骤之一，一般粒径需达到 $0.5 \sim 5.0\mu m$，甚至更小粒径，以尽可能提高粉体粒子堆积密度，保证下一步生坯堆制与烧结质量。传统陶瓷多以黏土等天然矿物为原材料，其结构本身为该尺寸粒子的堆叠，传统陶瓷通过黏土等精选矿物水化、机械混合，可直接形成生坯。现代工程陶瓷大多采用化学合成法制备陶瓷粉体，即需要人工合成陶瓷原材料。特种陶瓷所要求的原材料纯度高，粒度小（原则上越小越好），通常可加入少量助剂以提高粉体的流散性、聚结性、可塑性、熔融性。制备方法总体包括固相法、液相法及气相法三大类。

多数情况下，粉体原料在进行成型、烧结之前需要进行一定的处理，如煅烧、粉碎、分级、净化等。其目的是调整改善粉体物化性质，以适应后续工艺处理。粉体处理包括改变粒度、粒子形态结构、流散性和成型性，改变晶体杂质，包括吸附的气体和挥发性物质等，消除游离碳等。粉体原料经煅烧可去除绝大多数挥发性杂质（有机物、溶剂，水分等），提高纯度；煅烧还可使原料颗粒致密化，晶粒长大，减轻后期成型烧结时的体积收缩效应。

陶瓷一般需要经过成型才可烧结成有用陶瓷制品，由粉体加工成一定形状的坯体，要求粉体具有较好的成型加工性能与成型稳定性，即粉体应当具有一定的集合塑性和黏结性。传统陶瓷所用黏土原料本身具有较好塑性与黏结性能，不需添加增塑剂与黏结剂。很多特种陶瓷原料粉体缺乏这方面性能，往往需要加入化学增塑剂、黏结剂。常用的黏结剂包括聚乙烯醇（PVA），聚乙烯醇缩丁醛（PVB）、聚乙烯基乙二醇（PVG）、甲基纤维素、羧甲基纤维素（CMC）、乙基纤维素、羧丙基纤维素、石蜡等，起到黏结粉体和稳定坯体的作用。常用的粉体增塑剂包括甘油、钛酸二丁酯、草酸，水玻璃、黏土、磷酸铝等。高性能的增塑剂与黏结剂及合适的应用工艺对提高最终陶瓷产品质量非常重要。

（三）陶瓷的烧结

陶瓷粉体经多种方法压制成型，粉体粒子间形成一定堆积，但往往含有较多水分（或溶剂）、空气于粒子间隙中，经过高温烧结，排出气体杂质，促进粒子间融合或晶体转化，晶体生长，高致密化，最终获得陶瓷产品。通常，烧结过程可以分为固相烧结和液相烧结两种类型。在烧结温度下，粉末坯体在固态情况下达到致密化过程称为固相烧结；同样，粉末坯体在烧结过程中有液相存在的烧结过程称为液相烧结。高温烧结时，粒子间的融合动力来源于粒子尽可能降低自身表面张力的趋势，颗粒间距离的缩进主要靠晶界处物质的扩散和原子运动及物质的黏性流动等作用来实现。

固相烧结一般可分为3个阶段：初始阶段，主要表现为颗粒形状改变；中间阶段，主要表现为气孔形状改变；最终阶段，主要表现为气孔尺寸减小。烧结过程中颗粒的排列过程：在初始阶段，颗粒形状改变，相互之间形成颈部连接，气孔由原来的柱状贯通状态逐渐过渡为连续贯通状态，其作用是能够将坯体的致密度提高1%~3%。在中间阶段，所有晶粒都与最近邻晶粒接触，因此晶粒整体的移动已停止。通过晶格或晶界扩散，把晶粒间的物质迁移至表面，产生样品收缩，气孔由连续通道变为孤立状态，当气孔通道变窄无法稳定而分解为封闭气孔时，这一阶段将结束，烧结样品一般可以达到93%左右的相对理论致密度。样品从气孔孤立到致密化完成的阶段为最终阶段，在此阶段，气孔封闭，主要处于晶粒交界处。在晶粒生长的过程中，气孔不断缩小，如果气孔中含有不溶于固相的气体，那么收缩时，内部气体压力将升高并最终使收缩停止，形成闭气孔。烧结的每个阶段所发生的物理化学变化过程都有所区别，一般利用简单的双球模型来解释初始阶段机理，用通路气孔模型来解释中间阶段机理，而最终阶段机理通常采用孤立气孔模型分析。

三、金属材料成型工艺

（一）冶金工艺

绝大多数金属元素（除Au、Ag、Pt外）都以氧化物、碳化物等的形式存在于地壳矿物之中。因此，要获得各种金属及其合金材料，必须首先通过各种方法将金属元素从矿物中提取出来，接着对粗炼金属产品进行精练提纯和合金化处理，然后浇注成锭，加工成型，才能得到所需成分、组织和规格的金属材料。所谓冶金，就是从矿石中提取金属或金属化合物，用各种加工方法将金属制成具有一定性能的金属材料的过程和工艺。

金属的冶金工艺可以分为火法冶金、湿法冶金、电冶金三大类。

1. 火法冶金

火法冶金是在高温条件下进行的冶金过程。矿石或精矿中的部分或全部矿物在高温下经过一系列物理化学变化，生成另一种形态的化合物或单质，分别富集在气体、液体或固体产物中，达到所要提取的金属与脉石及其他杂质分离的目的。此法因没有水溶液参加，故又称为干法冶金。火法冶金的主要化学反应是还原—氧化反应。

实现火法冶金过程所需的热能，通常是依靠燃料燃烧来供给，也有依靠冶金过程中的化学反应来供给的，例如，硫化矿的氧化焙烧和熔炼就无须由燃料供热，金属热还原过程也是自热进行的。火法冶金的工艺流程一般分为矿石准备、冶炼、精炼3个步骤。

（1）矿石准备。选矿得到的细粒精矿不易直接加入鼓风炉（或炼铁高炉），须先加入冶金熔剂（能与矿石中所含的脉石氧化物、有害杂质氧化物作用的物质），加热至低于炉料的熔点烧结成块，或添加胶黏剂压制成型，或滚成小球再烧结成球团，或加水混捏，然后装入鼓风炉内冶炼。硫化物精矿在空气中焙烧的主要目的是除去硫和易挥发的杂质，并使之转变成金属氧化物，以便进行还原冶炼；使硫化物成为硫酸盐，随后用湿法浸取；局部除硫，使其在造硫熔炼中成为由几种硫化物组成的熔硫（有色重金属硫化物与铁的硫化物的共熔体）。

（2）冶炼。此过程形成由脉石、熔剂及燃料灰分融合而成的炉渣和熔硫或含有少量杂质的金属液。有还原冶炼、氧化吹炼和造硫熔炼3种冶炼方式。还原冶炼在还原气氛下的鼓风炉内进行。加入的炉料，除富矿、烧结块或球团外，还加入熔剂（石灰石、石英石等），以便造渣，加入焦炭作为发热剂产生高温和作为还原剂。可还原铁矿为生铁，还原氧化铜矿为粗铜，还原硫化铅精矿的烧结块为粗铅。氧化吹炼是在氧化气氛下进行。如对生铁采用转炉，吹入氧气，以氧化除去铁水中的硅、锰、碳和磷，炼成合格的钢水，铸成钢锭。造硫熔炼主要用于处理硫化铜矿或硫化镍矿，一般在反射炉、矿热电炉或鼓风炉内进行。加入的酸性石英石熔剂与氧化生成的氧化亚铁和脉石造渣，熔渣之下形成一层熔硫。在造硫熔炼中，有一部分铁和硫被氧化，更重要的是通过熔炼使杂质造渣，提高熔硫中主要金属的含量，起到化学富集的作用。

（3）精炼。进一步处理由冶炼得到的含有少量杂质的金属，以提高其纯度。例如，炼钢是对生铁的精炼，在炼钢过程中去气、脱氧，并除去非金属夹杂物，或进一步脱硫等；对粗铜则在精炼反射炉内进行氧化精炼，然后铸成阳极进行电解精炼；对粗铅用氧化精炼除去所含的砷、锑、锡、铁等，并可用特殊方法以回收粗铅中所含的金及银。对高纯金属则可用区域熔炼等方法进一步提炼。

2.湿法冶金

湿法冶金是指利用一些化学溶剂的化学作用，在水溶液或非水溶液中进行包括氧化、还原、中和、水解和络合等反应，对原料、中间产物或二次再生资源中的金属进行提取和分离的冶金过程。现代湿法冶金几乎涵盖了除钢铁以外的所有金属提炼，有的金属其全部冶炼工艺属于湿法冶金，但大多数是矿物分解、提取和除杂等采用湿法冶金，最后还原成金属的步骤采用火法冶金或粉末冶金完成。

湿法冶金的步骤：

（1）用适当的溶剂处理矿石或精矿，使要提取的金属呈某种离子（阳离子或络阴离子）形态进入溶液，而脉石及其他杂质则不溶解，这样的过程称为浸出。

（2）浸取溶液与残渣分离，同时将夹带于残渣中的冶金溶剂和金属离子洗涤回收。

（3）浸取溶液的净化和富集，常采用离子交换和溶剂萃取技术或其他化学沉淀方法。

（4）从净化液中提取金属或化合物。在生产中，常用电解提取法从净化液中制取金、银、铜、锌、镍、钴等纯金属。铝、钨、钼、钒等多数以含氧酸的形式存在于水溶液中，一般先以氧化物析出，然后还原得到金属。20世纪50年代发展起来的加压湿法冶金技术可从铜、镍、钴的氨性溶液中，直接用氢还原（例如在180℃，25atm[❶]下）得到金属铜、镍、钴粉，并能生产出多种性能优异的复合金属粉末，如镍包石墨、镍包硅藻土等，这些都是很好的可磨密封喷涂材料。

许多金属或其化合物都可以用湿法冶金生产。湿法冶金在锌、铝、铜、铀等工业中占有重要地位。湿法冶金的优点是原料中的有价金属综合回收程度高，有利于环境保护，并且生产过程较易实现连续化和自动化。

3. 电冶金

电冶金是利用电能提取金属的方法。根据电能利用效应的不同，电冶金又分为电热冶金和电化冶金。

电热冶金是利用电能获得冶金所要求的高温而进行的冶金生产。例如，电弧炉炼钢是通过石墨电极向电弧炼钢炉内输入电能，以电极端部和炉料之间发生的电弧为热源进行炼钢，可获得比用燃料供热更高的温度，且炉内气氛较易控制，对熔炼含有易氧元素较多的钢种极为有利。按物理化学变化的实质来说，电热冶金与火法冶金过程差别不大，两者的主要区别只是冶炼时热能来源不同。

电化冶金（电解和电积）是利用电化学反应，使金属从含金属盐类的溶液或熔体中析出。前者称为溶液电解，如钢的电解精炼和锌的电积，可列入湿法冶金一类；后者称为熔盐电解，不仅利用电能的化学效应，而且也利用电能转变为热能，借以加热金属盐类使之成为熔体，故也可列入火法冶金一类。从矿石或精矿中提取金属的生产工艺流程，常常是既有火法冶金过程，又有湿法冶金过程，即使是以火法冶金为主的工艺流程，比如，硫化铜精矿的火法冶金，最后还需要有湿法冶金的电解精炼过程；而在湿法炼锌中，硫化锌精矿还需要用高温氧化焙烧对原料进行炼前处理。

（二）金属热处理工艺

金属热处理是将金属工件放在一定的介质中加热、保温、冷却，通过改变金属材料表面或内部的组织结构来控制其性能的工艺方法。

1. 金属组织

金属是不透明、金属光泽良好、具有导热和导电性，并且其导电能力随温度的升高而减小，富有延性和展性等特性的物质。金属内部原子规律性地排列（即晶体）。合金是一种金属元素与另外一种或几种元素，通过熔化或其他方法结合而成的具有金属特性的物质。相是合金中同一化学成分，同一聚集状态，并以界面相互分开的各个均匀组成部分。固溶体是一个（或几个）组元的原子（化合物）溶入另一个组元的晶格中，而仍保持另一组元的晶格类型的固态金属晶体。固溶体分间隙固溶体和置换固溶体两种。由于溶质原子进入溶剂晶格的间隙或结点，使晶格发生畸变，使固溶体硬度和强度升高，这种现象称为固溶强化现象。金属化合物是指合金的组元间以一定比例发生相互作用生成的一种新相，通常能以化学式表

---

❶ 1atm=101kPa。

示其组成。机械混合物是由两种或两种以上的相机械地混合在一起而得到的多相集合体。

2. 金属热处理工艺流程

金属热处理是机械制造中的重要工艺之一，与其他加工工艺相比，热处理一般不改变工件的形状和整体的化学成分，而是通过改变工件内部的显微组织，或改变工件表面的化学成分，赋予或改善工件的使用性能。其特点是改善工件的内在质量，而这一般不是肉眼所能看到的。为使金属工件具有所需要的力学性能、物理性能和化学性能，除合理选用材料和各种成型工艺外，热处理工艺往往是必不可少的。

钢铁是机械工业中应用最广的材料，钢铁显微组织复杂，可以通过热处理予以控制，所以钢铁的热处理是金属热处理的主要内容。另外，铝、铜、镁、钛等及其合金也都可以通过热处理改变其力学性能、物理性能和化学性能，以获得不同的使用性能。

热处理工艺一般包括加热、保温、冷却三个过程，有时只有加热和冷却两个过程。这些过程互相衔接，不可间断。加热是热处理的重要工序之一。金属热处理的加热方法很多，最早是采用木炭和煤作为热源，进而应用液体和气体燃料。电的应用使加热易于控制，且无环境污染。利用这些热源可以直接加热，也可以通过熔融的盐或金属，以至浮动粒子进行间接加热。金属加热时，工件暴露在空气中，常常发生氧化、脱碳（即钢铁零件表面碳含量降低），这对于热处理后零件的表面性能有很不利的影响。因而金属通常应在可控气氛或保护气氛中、熔融盐中和真空中加热，也可用涂料或包装方法进行保护加热。

加热温度是热处理工艺的重要参数之一，选择和控制加热温度是保证热处理质量的主要因素。加热温度随被处理的金属材料和热处理的目的不同而异，但一般都是加热到相变温度以上，以获得高温显微组织。另外，相转变需要一定的时间，因此当金属工件表面达到要求的加热温度时，还须在此温度下保持一定时间，使内外温度一致，使显微组织转变完全，这段时间称为保温时间。采用高能密度加热和表面热处理时，加热速度极快，一般就没有保温时间，而化学热处理的保温时间往往较长。

冷却也是热处理工艺过程中不可缺少的步骤，冷却方法因工艺不同而不同，主要是控制冷却速度。一般退火的冷却速度最慢，正火的冷却速度较快，淬火的冷却速度最快。但还因钢种不同而有不同的要求，例如，空硬钢就可以用正火一样的冷却速度进行淬硬。

金属热处理工艺大体可分为整体热处理、表面热处理和化学热处理三大类。根据加热介质、加热温度和冷却方法的不同，每一大类又可分为若干不同的热处理工艺。同一种金属采用不同的热处理工艺，可获得不同的显微组织，从而具有不同的性能。钢铁是工业上应用最广的金属，而且钢铁显微组织也最为复杂，因此钢铁热处理工艺种类繁多。

整体热处理是对工件整体加热，然后以适当的速度冷却，以改变工件整体力学性能的金属热处理工艺。钢铁整体热处理大致有退火、正火、淬火和回火4种基本工艺。退火是将工件加热到适当温度，根据材料和工件尺寸采用不同的保温时间，然后进行缓慢冷却，目的是使金属内部组织达到或接近平衡状态，获得良好的工艺性能和使用性能，或者为进一步淬火做准备。正火是将工件加热到适宜的温度后在空气中冷却，正火的效果同退火相似，只是得到的组织更细，常用于改善低碳材料的切削性能，有时也用于对一些要求不高的零件作为最终热处理。淬火是将工件加热保温后，在水、油或其他无机盐、有机水溶液等淬冷介质中快速冷却。淬火后工件变硬，但同时变脆。为了降低工件的脆性，将淬火后的工件在高于室温而低于650℃的某一适当温度进行长时间的保温，再进行冷却，这种工艺称为回火。退火、正火、淬火、回火是整体热处理中的"四把火"，其中淬火与回火关系密切，常常配合使用，缺一不可。"四把火"随着加热温度和冷却方式的不同，又演变出不同的热处理工艺。为了使工件获得一定的强度和韧性，把淬火和高温回火结合起来的工艺称为调质。某些合金淬火形成过饱和固溶体后，将其置于室温或稍高的适当温度下保持较长时间，以提高合金的硬度、强度、电性或磁性等，这样的热处理工艺称为时效处理。把压力加工形变与热处理有效而紧密地结合起来进行，使工件获得很好的强度、韧性配合的方法称为形变热处理；在负压气氛或真空中进行的热处理称为真空热处理，它不仅能使工件不氧化、不脱碳，保持处理后工件表面光洁，提高工件的性能，还可以通入渗剂进行化学热处理。

表面热处理是只加热工件表层，以改变其表层力学性能的金属热处理工艺。为了只加热工件表层而不使过多的热量传入工件内部，使用的热源须具有高的能量密度，即在单位面积的工件上给予较大的热能，使工件表层或局部能短时或瞬时达到高温。表面热处理的主要方法有火焰淬火和感应加热热处理，常用的热源有氧乙炔或氧丙烷等火焰和感应电流、激光、电子束等。

化学热处理是通过改变工件表层的化学成分、组织和性能的金属热处理工艺。化学热处理与表面热处理的不同之处是后者改变了工件表层的化学成分。化学热处理是将工件放在含碳、氮或其他合金元素的介质（气体、液体、固体）中加热，保温较长时间，从而使工件表层渗入碳、氮、硼和铬等元素。渗入元素后，有时还要进行其他热处理工艺，如淬火及回火。化学热处理的主要方法有渗碳、渗氮、渗金属。

热处理是机械零件和工模具制造过程中的重要工序之一。它可以控制工件的各种性能，如耐磨性能、耐腐蚀性能、磁性能等。还可以改善毛坯的组织和应力状态，以利于进行各种冷、热加工。例如，白口铸铁经过长时间退火处理可以获得可锻铸铁，提高塑性；齿轮采用正确的热处理工艺，使用寿命比不经热处理的齿轮成倍或几十倍地提高；另外，价廉的碳钢通过渗入某些合金元素可具有某些价昂的合金钢的性能，可以代替某些耐热钢、不锈钢；工模具则几乎全部需要经过热处理方可使用。

四、高分子材料制备

非天然高分子化合物（也称高聚物、聚合物）都是通过聚合反应制备得到。所谓聚合是指由低分子单体通过化学反应生成高分子化合物的过程。

按单体和聚合物在组成和结构上的差异，可将聚合反应分为加成聚合（简称加聚）与缩合聚合（简称缩聚）两大类。单体加成聚合起来的反应称为加聚反应，加聚产物的元素组成与其单体相同。相对分子质量是单体相对分子质量的整数倍，如氯乙烯加成聚合得到聚氯乙烯。缩聚反应的主产物称为缩聚物，缩聚反应往往是官能团间的反应，除形成缩聚物以外，根据官能团种类的不同，还有水、醇、氨或氯化氢等低分子副产物产生。缩聚物的元素组成与相应的单体元素组成不同，其相对分子质量也不再是单体相对分子质量的整数倍。

根据聚合反应机理和动力学，可以将聚合反应分为连锁聚合和逐步聚合两大类。烯类单体的加聚反应大部分属于连锁聚合。连锁聚合反应需要活性中心，活性中心可以是自由基、阳离子或阴离子，因此可以根据活性中心的不同将连锁聚合反应分为自由基聚合、阳离子聚合和阴离子聚合。连锁聚合的特征是整个聚合过程由链引发、链增长、链终止等基元反应组成。各基元反应的反应速率和活化能差别很大。链引发是活性中心的形成，单体只能与活性中心反应而使链增长，但彼此间不能反应，活性中心被破坏就使链终止。所变化的是聚合物量（转化率）随时间增加而增加，而单体量则随时间增加而减少。有些阴离子聚合反应，则是快引发、慢增长、无终止，即所谓活性聚合，有相对分子质量随转化率呈线性增加的情况。

逐步聚合反应的特征是在低分子单体转变成高分子的过程中，反应是逐步进行的。反应早期，大部分单体很快聚合成二聚体、三聚体、四聚体等低聚物，短期内转化率很高。随后低聚物间继续反应，随反应时间的延长，相对分子质量继续增大，直至转化率很高（＞98%）时相对分子质量才达到较高的数值。在逐步聚合过程中，体系由单体和相对分子质量递增的一系列中间产物所组成，中间产物的任何两分子间都能反应。绝大多数缩聚反应都属于逐步聚合反应，例如羧基与氨基脱水合成聚酰胺的反应、羧基与羟基脱水生成聚酯的反应等。

逐步聚合反应中还有非缩聚型的，例如聚氨酯的合成、迪尔斯—阿尔德加成反应合成梯形聚合物等。这类反应按反应机理分类均属逐步聚合反应，是逐步加成反应。

（一）离子型聚合反应

在催化剂的作用下，单体活化为带正电荷或负电荷的活性离子，然后按离子型反应机理进行聚合反应，称为离子型聚合反应。离子型聚合反应为连锁聚合反应，根据活性中心离子的电荷性质，可分为阳离子型聚合反应、阴离子型聚合反应和配位聚合反应。

1.阳离子型聚合反应

以碳阳离子为反应活性中心进行的离子型聚合称为阳离子型聚合反应。

能参与阳离子型聚合反应的单体都能在催化剂作用下生成碳阳离子，这类单体有富电子的烯烃类化合物和含氧杂环等。具有推电子基的烯类单体原则上可以进行阳离子聚合反应。推电子基一方面使C—C电子云密度增加，有利于阳离子活性基团的进攻；另一方面能稳定所生成的碳阳离子。α-烯烃有推电子烷基，按理能进行阳离子聚合，但能否聚合成高聚物，还要求阳离子（例如质子）对C＝C有较强的亲和力，而且增长反应比其他副反应快，即生成的碳阳离子有适当的稳定性。异丁烯实际上是α-烯烃中唯一能高效率进行阳离子聚合的单体。

阳离子聚合的引发方式有两种：一种是由引发剂生成阳离子，阳离子再引发单体，生成碳阳离子；另一种是单体参与电荷转移，引发阳离子聚合。阳离子聚合的引发剂都是亲电试剂，常用的引发剂包括质子酸（如高氯酸、硫酸、磷酸、三氯乙酸），路易斯酸（如三氟化硼、三氯化铝、三氯化铁、四氯化锡、四氯化钛）以及有机金属化合物（如三乙基铝、二乙基氯化铝、乙基二氯化铝）等。

阳离子聚合不能像自由基聚合那样可以双基终止，但可以发生链转移反应而单分子终止。例如，阳离子活性增长链可以向反离子提供一个 $H^{(+)}$，其与反离子结合形成配合物，后者与单体加成形成活性单体，而阳离子活性增长链终止为一个含不饱和端基的大分子。或者，阳离子活性增长链向单体夺取一个 $H^{(-)}$，结果阳离子活性增长链终止为一个饱和大分子，单体则变为一个含阳离子的单体，其与反离子结合为活性单体。这两种过程都是在链转移发生的同时生成新的活性中心，因此并没有链终止反应。

阳离子聚合的特点可总结为快引发、快增长、易转移、难终止。

2. 阴离子型聚合反应

以阴离子为反应活性中心进行的离子型聚合称为阴离子型聚合反应。

具有吸电子基的烯类单体原则上都可以进行阴离子聚合。吸电子基能使双键上电子云密度减少，有利于阴离子的进攻，并使形成的碳阴离子的电子云密度分散而稳定。具有 π-π 共轭体系的烯类单体才能进行阴离子聚合，如丙烯腈、（甲基）丙烯酸酯类、苯乙烯、丁二烯、异戊二烯等。这类单体的共振结构使阴离子活性中心稳定。虽有吸电子基而非 π-π 共轭体系的烯类单体则不能进行阴离子聚合，如氯乙烯、醋酸乙烯酯。这类单体的 p-π 共轭效应与诱导效应相反，削弱了双键电子云密度下降的程度，因而不利于阴离子聚合。

除了烯类，羰基化合物、含氧三元杂环以及含氮杂环都有可能成为阴离子聚合的单体。阴离子聚合引发剂是给电子体，即"亲核试剂"，属于碱类。按引发机理又可以分为电子转移引发和阴离子引发。较为常见的有活泼碱金属与金属有机化合物类别。碱金属（如金属钠）可以直接作用于单体，产生阴离子自由基，自由基偶合形成双端阴离子活性种，引发单体进行阴离子聚合。

3. 配位聚合反应

配位聚合是由两种或两种以上的组分所构成的配位催化剂引发的链式加聚反应。在配位聚合中，单体首先与嗜电性金属配位形成 π 络合物。反应经过四中心的插入过程，包括两个同时进行的化学过程，一是增长链端阴离子对 C═C 的 β 碳的亲电进攻，二是金属阳离子对烯烃 π 键的亲电进攻。反应属阴离子性质。

配位聚合的链增长过程，本质上是单体对增长链端络合物的插入反应。单体的插入反应有两种可能的途径。一种是不带取代基的一端带负电荷，与过渡金属相连接，称为一级插入；另一种是带有取代基一端带负电荷并与反离子相连，称为二级插入。

对于丙烯的配位聚合来说，一级插入得到全同聚丙烯，二级插入得到间同聚丙烯。全同立构聚合物和间同立构聚合物的侧基空间排列十分有规律，这种聚合物称为定向聚合物，能够制备定向聚合物的聚合反应称为定向聚合反应。因为高度立构规整性的聚合物与无规立构聚合物的力学性能有显著的差别（例如，无规聚丙烯无实用价值，而有规聚丙烯则是性能优良的塑料），所以定向聚合反应具有重大的意义。配位聚合是定向聚合的主要方法。

配位聚合的引发剂（又称为齐格勒—纳塔催化剂）是一种具有特殊定向效能的引发剂，

一般由主引发剂与共引发剂两部分组成有效体系。主引发剂一般是指周期表中第ⅣB族至Ⅷ族的过渡金属卤化物或金属有机配合物，如$TiCl_4$、$TiCl_3$、$TiBr_4$、VCl_3、$ZrCl_4$等均可用作配位聚合引发剂的主引发剂，其中最常用的是$TiCl_3$。共引发剂主要包括周期表中第ⅠA族到第ⅢA族的金属烷基化合物（或氢化合物），最常用的烷基铝化合物有三乙基铝［$(C_2H_5)_3Al$］、一氯二乙基铝［$(C_2H_5)_2AlCl$］、倍半乙基铝［$(C_2H_5)_2AlCl \cdot (C_2H_5)_2AlCl_2$］。

除了齐格勒—纳塔催化剂，配位聚合的引发剂还有 π 烯丙基过渡金属型催化剂、烷基锂引发剂和茂金属引发剂。其中茂金属引发剂是新近的研究，可用于多种烯类单体的聚合，包括氯乙烯。

（二）缩合聚合

很多重要的聚合物例如聚酰胺、聚酯、聚碳酸酯、酚醛树脂、脲醛树脂、醇酸树脂等都是通过缩聚反应合成的。许多带有芳杂环的耐高温聚合物，如聚酰亚胺、聚咪唑、聚噻吩等也是由缩聚反应制得。

缩聚反应的基本特点是反应发生在参与反应的单体所携带的官能团上，这类能发生逐步聚合反应的官能团有—OH、—NH_2、—COOH、酸酐、—COOR、—COCl、—H、—Cl、—SO_3、—SO_2等。可供逐步聚合的单体类型很多，但必须具备同一基本特点：同一单体上必须带有至少两个可进行逐步聚合反应的官能团，当且仅当反应单体的官能团数等于或大于2时才能生成大分子。当参加缩聚反应的单体都含有两个官能团时，反应中形成的大分子向两个方向增长，得到线型分子的聚合物，此种缩聚反应称为线型缩聚反应。如果参加缩聚反应的单体至少有一种含两个以上的官能团，反应中形成的大分子向三个方向增长，得到体型结构的高聚物，此种缩聚反应称为体型缩聚反应。酚醛树脂、脲醛树脂等就是按体型缩聚反应合成的。

影响缩聚产物相对分子质量的主要因素来自三个方面：反应程度、单体配比以及缩合平衡反应状态。

（1）反应程度表示在给定的时间内已参加反应的官能团数与原料官能团总数的比值。反应程度的最大值为1。由于参加缩聚反应的单体以官能团而不是以分子参加反应，而且反应又是逐步进行的，因此可以用化学方法或物理化学方法测定反应过程中未反应的官能团数目，从而计算反应程度。即反应程度越大，相对分子质量越大。为了达到较高的相对分子质量，必须使反应程度达0.99以上，也就是说，要得到较大相对分子质量的缩聚物，必须要有足够长的反应时间。

（2）单体配比是指在二元酸和二元醇或二元胺缩聚反应时，一种组分过量会引起相对分子质量降低，例如1mol的二元酸与2mol的二元胺或二元醇（即醇过量100%）反应，则得到聚合度为1.5的酯。在缩聚反应中精确的官能团等当量比是十分重要的。羟基酸和氨基酸自身就存在着官能团等当量比，而用二元胺和二元酸制备聚酰胺时，则利用酸和胺中和成盐反应来保证两组分精确的等当量比。而涤纶树脂的生产却可以用酯交换反应来实现。

（3）缩合平衡反应状态。聚酯化反应、聚酰胺化反应都属于平衡缩聚反应，所以相对分子质量不可能达到完全增长的程度。可见缩聚物的相对分子质量与反应平衡有关。在平衡缩聚反应中要使反应朝向增大相对分子质量的方向进行，必须将反应体系中的低分子产物尽量排除，如在缩聚反应中，要想制备平均聚合度为100的聚酯，在反应达到平衡状态时，体系中残存的水量应在万分之五左右（4.9×10^{-4}）；而酰胺化反应在260℃下进行时，要得到平均聚合度为100的聚酰胺，体系中水的含量要低于3%。提高反应温度有利于低分子产物的排除，使平衡向生成更高相对分子质量产物的方向移动。

（三）聚合实施方法

在聚合物的生产中，自由基聚合占有较大比重，其聚合实施方法可分为本体聚合、溶液聚合、悬浮聚合、乳液聚合四种。离子聚合也可参照此四种方法划分。虽然不少单体可以采用上述四种方法进行聚合，但在实际生产中，则根据产品的性能要求和经济效果，只选用其中某种或几种方法来进行聚合。

1.本体聚合

不加其他介质，只有单体本身在引发剂或催化剂、热、光、辐射的作用下进行的聚合方法称为本体聚合。自由基聚合、离子聚合、缩聚都可选用本体聚合。聚酯、聚酰胺的合成是熔融本体聚合的典型例子，丁钠橡胶的合成是阴离子本体聚合的典型例子。气态、液态、固态单体均可进行本体聚合，其中液态单体的本体聚合最为重要。

工业中进行本体聚合的方法分为间歇法和连续法。生产中的关键问题是聚合热的排除。烯类单体聚合热为15～20kcal/mol。聚合初期，转化率不高，体系黏度不大时，散热容易。但转化率增高（如20%～30%）、体系黏度增大后，散热困难，加上凝胶效应，放热速率提高。若散热不良，轻则局部过热，使相对分子质量分布变宽，最后影响到聚合物的力学性能；重则温度失调，引起爆聚。由于这一缺点，本体聚合在工业上的应用受到一定限制，不如悬浮聚合和溶液聚合应用广泛。

本体聚合也有许多优点，主要在于其产品纯净，尤其是可制得透明制品，适于制板材、型材，工艺简单，如用于有机玻璃、聚苯乙烯型材制造。改进法采用两段聚合：第一阶段保持较低的转化率（10%～40%），这阶段体系黏度较低，散热容易，聚合可在较大的搅拌釜中进行；第二阶段进行薄层（如板状）聚合，或以较慢的速度进行。

2.溶液聚合

单体和催化剂溶于适当溶剂中进行聚合称为溶液聚合。自由基聚合、离子聚合、缩聚均可选用溶液聚合。酚醛树脂、脲醛树脂、环氧树脂等都是用溶液聚合制得的。

工业上广泛使用有机溶剂，如芳香烃、脂肪烃、酯类等。溶剂的性质及用量均能影响聚合反应的速率和高聚物的相对分子质量与结构。因此，溶剂的选择是十分重要的。一般情况下，溶剂用量越多，高聚物产率及相对分子质量越小。溶液聚合的优点是溶液聚合体系黏度低，混合和传热容易，温度容易控制，此外，引发剂分散均匀，引发效率高。缺点是由于单体浓度较低，溶液聚合反应进行较慢，设备利用率和生产能力低；单体的浓度低且活性大，分子链向溶剂链转移而导致聚合物相对分子质量较低；溶剂回收费用高，除净聚合物中的微量溶剂较难。溶液聚合在定向聚合物、涂料、油墨、胶黏剂树脂合成领域应用较多。

3.悬浮聚合

悬浮聚合是指单体以小液滴状态悬浮在水中进行的聚合，故又称为珠状聚合。单体中溶有引发剂，一个小液滴就相当于本体聚合中的一个单元。从单体液滴转变为聚合物固体粒子，中间经过聚合物单体黏性粒子阶段。为了防止粒子相互黏结在一起，体系中必须加有分散剂（或称为稳定剂）。因此悬浮聚合体系一般由单体、引发剂、水、分散剂四个基本组分组成。

因为悬浮聚合用的介质通常是水，要求单体与聚合产物几乎不溶于水，须采用难溶于水而易溶于单体的引发剂。悬浮聚合反应的机理与本体聚合相同。所要解决的关键问题就是单体的有效分散及暂时的稳定性，为阻止分散的微小液滴再度迅速聚结，形成有效分散，必须加入适当分散剂。用于悬浮聚合的分散剂有水溶性聚合物与难溶性无机粉末两类。

悬浮聚合有许多优点，主要是体系黏度低，聚合热容易通过介质由釜壁的冷却水带走，温度控制容易，产品相对分子质量及其分布较稳定；产品的相对分子质量比溶液聚合高，杂质含量比乳液聚合的产品少；因用水作介质，后处理工序比溶液聚合和乳液聚合简单，生产成本低，粒状树脂可直接成型加工。悬浮聚合的缺点主要是产品附有少量分散剂残留物，要生产透明和绝缘性能高的产品，需进行进一步纯化。

悬浮聚合在工业上被广泛应用。80%～85%的聚氯乙烯，全部苯乙烯型离子交换树脂母体，很大部分的聚苯乙烯、聚甲基丙烯酸甲酯等，都是采用悬浮聚合法生产的。悬浮聚合一般采用间歇操作。

4.乳液聚合

乳液聚合是指在乳化剂的作用下并借助于机械搅拌，使单体在水中分散成乳液状，由水溶性引发剂引发而进行的聚合反应。乳液聚合体系一般由单体、水、水溶性引发剂、乳化剂4个基本组分组成。在本体聚合、溶液聚合或悬浮聚合中，聚合加速的同时，相对分子质量往往降低。但在乳液聚合中，聚合反应的速率和相对分子质量却可以同时提高。这是由于乳液聚合的机理不同于前三种聚合，控制产品质量的因素也不同。

在乳液聚合体系中，随着乳化剂浓度增高，乳化剂从分子分散的溶液状态到开始形成胶束的浓度称为临界胶束浓度（CMC）。在乳液聚合中，乳化剂浓度约为CMC的100倍，因此大部分乳化剂分子处于胶束状态。在达到CMC时，单体在水中溶解度很低，形成液滴。表面吸附许多乳化剂分子，因此可在水中稳定存在。部分单体进入胶束内部，宏观上溶解度增加，这一过程称为增溶。增溶后，球形胶束的直径由4～5nm增大到6～10nm。乳液聚合体系中，存在胶束10^{17}～10^{18}个/cm^3，单体液滴10^{10}～10^{12}个/cm^3。另外还有少量溶于水中的单体。

乳液聚合中采用水溶性引发剂，不可能进入单体液滴。因此单体液滴不是聚合的场所。水相中单体浓度小，反应生成聚合物则沉淀，停止增长，因此也不是聚合的主要场所。研究指出，乳液聚合中主要的聚合应发生在胶束中。胶束的直径很小，一个胶束内通常只能允许容纳一个自由基。当第二个自由基进入时，反应将发生终止。前后两个自由基进入的时间间隔约为几十秒，链自由基有足够的时间进行链增长，因此相对分子质量较大。当胶束内进行链增长时，单体不断被消耗，溶于水中的单体不断补充进来，单体液滴又不断溶解补充水相中的单体。因此，单体液滴越来越小，越来越少，而胶束粒子越来越大。

乳液聚合以水为介质，价廉安全，反应可在较低温度下进行，传热和控制温度也容易；能在较高反应速率下获得较高相对分子质量的聚合物；由于反应后期高聚物乳液的黏度很低，因此可直接用来浸渍制品或作涂料、胶黏剂等。乳液聚合的缺点是若需要固体产物时，则聚合后还需经过凝聚、洗涤、干燥等后处理工序，生产成本比悬浮聚合法高；产品中留有乳化剂，难以完全除净，影响产品的电性能。

丁苯橡胶、丁腈橡胶等聚合物要求相对分子质量高，产量大，工业生产力求连续化，这类高聚物几乎全部采用乳液聚合法生产。生产人造革用的糊状聚氯乙烯树脂也常用乳液聚合法生产，其产量占聚氯乙烯总产量的15%～20%。此外，聚甲基丙烯酸甲酯、聚乙酸乙烯酯、聚四氟乙烯等均可采用乳液聚合法制备。

五、材料制备过程中采用的技术及方法

（一）晶体生长技术

半导体工业和光学技术等领域常常用到单晶材料，这些单晶材料原则上可以由固态、液态（熔体或溶液）或气态生长而得。而液态方法是最常用的方法，它可分为熔体生长法或溶液生长法两大类，前者是通过让熔体达到一定的过冷而形成晶体，后者则是让溶液达到一定的过饱和而析出晶体。

1.熔体生长法

熔体生长法主要有提拉法、坩埚下降法、区熔法、焰熔法、液相外延法等。

（1）提拉法。提拉法又称为丘克拉斯基法或CZ法，至今已有近百年历史。此法是由熔体生长单晶的一种最主要的方法，适合于大尺寸完美晶体的批量生产。半导体锗、硅、砷化镓，氧化物单晶如钇铝石榴石、钇嫁石榴石、铌酸锂等均用此方法生长而得。与待生长晶体相同成分的原料熔体盛放在坩埚中，籽晶杆带着籽晶由上而下插入熔体，由于固液界面附近的熔体维持一定的过冷度，熔体沿籽晶结晶，以一定速度提拉并且逆时针旋转籽晶杆，随着籽晶的逐渐上升，生长成棒状单晶。坩埚可以由射频（RF）感应或电阻加热。应用此方法时控制晶体品质的主要因素是固液界面的温度梯度、生长速率、晶转速率以及熔体的流体效应等。

（2）坩埚下降法。坩埚下降法是通过把坩埚从炉内的高温区域下移到较低温度区域，从而使熔体过冷结晶。将盛满原料的坩埚放在竖直的炉内，炉的上部温度较高，能使坩埚内的材料维持熔融状态，下部则温度较低，两部分以挡板隔开。当坩埚在炉内由上缓缓下降到炉内下部位置时，熔体因过冷而开始结晶。坩埚的底部形状多半是尖锥形，或带有细颈，便于优选籽晶，也有半球形状的，以便于籽晶生长。大的碱卤化合物及氟化物等光学晶体是用这种方法生长的。

（3）区熔法。区熔法的原理是狭窄的加热体在多晶原料棒上移动，在加热体所处区域，原料变成熔体，该熔体在加热器移开后因温度下降而形成单晶。这样，随着加热体的移动，整个原料棒经历受热熔融到冷却结晶的过程，最后形成单晶棒。有时也会固定加热器而移动原料棒。该方法可以使单晶材料在结晶过程纯度高，并且能获得均匀的掺杂。

（4）焰熔法。又称维尔纳叶法，是利用H_2和O_2燃烧的火焰产生高温，使粉体原料熔融，并落在一个结晶杆或籽晶的头部。由于火焰在炉内形成一定的温度梯度，粉料熔体落在一个结晶杆上就能结晶。料锤周期性地敲打装在料斗里的粉末原料，粉料经筛网及料斗逐渐地往下掉。

（5）液相外延法。液相外延法制备单晶的过程是料舟中装有待沉积的熔体，移动料舟经过单晶衬底时，缓慢冷却在衬底表面成核，外延生长为单晶薄膜。在料舟中装入不同成分的熔体，可以逐层外延不同成分的单晶薄膜。此方法的优点是生长设备比较简单，生长速率快，外延材料纯度比较高，掺杂剂选择范围较广泛。另外，所得到的外延层其位错密度通常比它赖以生长的衬底要低，成分和厚度都可以比较精确地控制，而且重复性好。其缺点是当外延层与衬底的晶格失配大于1%时生长困难。同时，由于生长速率较快，很难得到纳米厚度的外延材料。

2. 溶液生长法

广泛的溶液生长法所用溶液包括水溶液、有机和其他无机溶液、熔盐（即高温溶液生长法）和在水热条件下的溶液（即水热法）等。无机晶体通常用水作溶剂，而有机晶体则可采用丙酮、乙醇等有机溶剂。

水溶液法生长晶体的过程中必须掌握合适的降温速度，使溶液处于亚稳态并维持适宜的过饱和度。溶液生长单晶的关键是消除溶液中的微晶，并精确控制温度。有些晶体材料具有负温度系数或其溶解度对温度不敏感，可以使溶液保持恒温，并且不断地从育晶器中移去溶剂而使晶体生长，这种结晶方法称为蒸发法。

水热法是指在高压釜中，通过对反应体系加热加压，创造一个相对高温、高压的反应环境，使通常难溶或不溶的物质溶解而达到过饱和，进而析出晶体的方法。这种方法主要用来合成水晶，其他晶体如刚玉、方解石及很多氧化物单晶都可以用这个方法生成。

高温溶液生长法使用液态金属或熔融无机化合物作为溶剂，在高温下把晶体原材料溶解，形成均匀的饱和溶液，也可以称为熔盐法。很多高熔点的氧化物或具有高蒸气压的材料，都可以用此方法来生长晶体。

（二）自组装技术

自组装技术是指基本结构单元（分子、纳米材料、微米或更大尺度的物质）自发形成有序结构的一种技术。在自组装过程中，基本结构单元在基于非共价键的相互作用（如氢键、范德瓦耳斯力、静电力、π–π堆积作用、亲疏水性、毛细管作用力、液体表面张力等）下自发地组织或聚集为一个稳定、具有一定规则几何外观的结构。自组装过程并不是大量分子之间弱作用力的简单叠加，而是个体之间同时自发产生关联并集合在一起，形成紧密而又有序的整体。非共价键的弱相互作用力协同作用是自组装的驱动力，它为自组装提供能量，维持自组装体系的结构稳定性和完整性，这是发生自组装的关键条件。但并不是所有具备弱相互作用的结构单元都能够发生自组装过程。自组装的另一个条件是导向作用，即结构单元在空间的互补性，也就是说，要使自组装发生，就必须在空间的尺寸和方向上达到结构单元重排的要求。

1.自组装的种类

按照自组装组分不同，可分为表面活性剂自组装、纳微米颗粒自组装以及大分子自组装。

（1）表面活性剂自组装是指表面活性剂能显著降低界面张力，且使两亲分子在基体表面、胶束中心粒区域以及在分子膜中的排列高度有序。通过设计控制分子的排列方式，可得到各种高性能的自组装材料。很多重要的生物化学反应和高技术含量的处理过程都是发生在通过自组装而产生的隔膜、囊泡、一单层膜或胶束上。

（2）纳米颗粒自组装中的功能性纳米粒子的有序自组装是纳米科技发展的重要方向。将纳米粒子自组装为一维、二维或三维有序结构后，可以获得新颖的整体协同特性，并且可以通过控制纳米粒子间的相互作用来调节其性质。

纳米粒子的自组装通常是利用化学修饰手段，在粒子外面包覆一层有机分子。有机分子既能稳定纳米粒子，又能提供纳米粒子间相互作用。通过这些有机分子之间的相互作用，纳米粒子很容易被化学组装成为具有新结构的聚集体。一个典型的例子是金或银纳米粒子的表面用硫醇进行单分子层的修饰，通过硫醇分子间氢键来诱导自组装。

（3）大分子自组装是指聚合物分子在氢键、静电相互作用、疏水亲脂作用、范德华瓦耳斯力等弱相互作用力推动下，自发地构筑成具有特殊结构和形状的集合体的过程。获得大分子自组装体的常规途径是嵌段共聚物在选择性溶剂中胶束化，该过程的驱动力一般来自某一链段的疏水性。此外，均聚物、低聚物、高聚物、无规共聚物及接枝共聚物等都陆续被发现可作为"组装单元"。聚合物分子自组装后，可通过化学修饰的方法，例如光交联，使其组装后的形态得以长期保持。目前大分子自组装领域研究主要针对液晶高分子、嵌段共聚物、树枝状大分子、能形成氢键的聚合物及带相反电荷体系的组合。

2.自组装膜

通过分子自组装技术可以构筑分子单层膜或多层膜。自组装膜的制备通过化学方法和物理方法得以实现。

（1）化学方法。化学组装方法的原理是将附有某表面物质的基片浸入待组装分子的溶液或气氛中，待组装分子一端的反应基与基片表面发生自动连续化学反应。在基片表面形成化学键连接的二维有序单层膜，同层内分子间作用力仍为范德瓦耳斯力。若单层膜表面具有某种反应活性的活性基，再与其他物质反应，如此重复构成同质或异质的多层膜。

如果基片上附有图案化的功能表面，通过该表面的功能基团与自组装分子端基反应，则自组装层将呈现同样的图案。该方法主要用于以图形化自组装为模板的纳米结构制备技术，结合光辐射、微接触印刷、等离子体刻蚀等方法获得了广泛应用。

（2）物理方法。物理方法一般是物理吸附，也称为分子沉积法。其原理是将表面带正电荷的基片浸入阳离子聚电解质溶液中，因静电吸引，阴离子聚电解质吸附到基片表面使基片表面带负电，然后将表面带负电荷的基片浸入阳离子聚电解质溶液中，如此重复得多层聚电解质自组装膜。这样可制取有机分子与其他组分的多层复合超薄膜。该技术有较好的识别能力，生物相容性、导电性、耐磨性很好，相比化学吸附膜，层与层之间较强的作用力使稳定性大为提高。

3.胶体晶体自组装

胶体晶体自组装是构建光电子学器件及许多其他纳米器件十分关键的一步，它不仅可以排列三维的胶体晶体，也可以形成许多奇特的周期有序结构。胶体晶体的组装方法多种多样，主要包括沉降法、离心法、旋涂法、蒸发诱导法、电泳沉积法、垂直沉积法、气液界面组装法、对流自组装法。

（1）沉降法。该法也称为重力沉降法，是利用重力场的作用，在无外界影响的情况下自然形成的有序结构。地壳中的蛋白石就是一种天然的硬化的二氧化硅胶凝体。一般情况下，如果胶粒的尺寸和密度够大，它们就能沉积在容器底部，然后经历无序到有序的自组装过程。其中胶粒的大小影响着沉积的效果。对于小胶粒（300nm以下），所受重力较轻，重力被粒子的布朗运动抵消了，难以沉积。如果粒子粒径较大（550nm以上），所受重力又较大，沉积速度快，难以形成有序结构。

沉降的优点是过程较为简单，一般实验室都可做，是三维胶体晶体制备方法中最简单的一种。但是该方法机理颇为复杂，涉及重力沉淀、扩散传输以及布朗运动等。控制胶粒成核和生长的相关因素有温度，胶粒粒径，浓度、沉降速率等。其中沉降速率对胶体晶体的形成影响重大，只有当沉降速率在合适的范围内，胶粒才能够在基片上聚集并自组装成胶体晶体。另外，该法所制备出来的胶体晶体存在着比较多的位错和缺陷，且厚度很难控制，这些劣势限制了重力沉降法的应用。

（2）离心法。该法是利用旋转产生的离心力驱动胶体粒子有序排列。对于粒径较小的粒子，特别是对亚微米的胶粒（300~550nm），无法通过重力沉积，但能在离心力作用下排列成有序结构。这种方法简单快捷，能形成单分散结构。旋转速度，也就是离心力的大小是决定胶体晶体质量的关键。如果速度过大，就会出现很多缺陷裂缝；如果速度过小，会导致粒子沉不下来或沉降过慢，形成多层结构。

（3）旋涂法。该法是指将胶体颗粒悬浮液滴在水平放置的基片上，然后以一定的角速度旋转，液体在离心力和流体剪切力的作用下会铺展开，随着溶剂的蒸发，胶体颗粒在基片上会自组织形成单层或双层颗粒膜。旋涂自组装形成的胶体颗粒膜，其质量受多种因素的影响，如旋涂速度、旋涂时间，胶体颗粒材料、粒径及单分散性、悬浮介质性质及基片性质等。

（4）蒸发诱导法。该法也称为滴涂法，胶体颗粒分散液滴到平面固体基底表面并铺展形成薄层液膜，其中的胶体颗粒通过液体蒸发诱导产生的毛细吸引作用自发组装形成二维有序阵列。通常控制条件使溶剂缓慢蒸发，胶体颗粒在毛细吸引作用下自组装成一层六方密堆积的二维有序阵列。

（5）电泳沉积法。一般胶体微粒都带一定的负电荷，当在悬浮液中施加一定电压时，微粒就会在电场的作用下做定向运动，从而在正电极一边形成有序的晶体结构。利用胶体微粒的电泳现象可以很好地解决粒子粒径不同导致的沉降速度不同的影响。此种方法的关键点在于电泳强度和时间的控制。

（6）垂直沉积法。该法是将基片垂直浸入单分散微球的悬浮液中，当溶剂蒸发时，毛细管力驱动弯月面中的微球在基片表面自组装为周期排列结构，形成胶体晶体。晶体的厚度可以通过调节微球的直径和溶液的浓度来精确控制。溶剂的蒸发温度不影响厚度，但影响微球排列质量。垂直沉积法的关键工艺控制参数是基板和溶液的相对运动速率。

（7）气液界面组装法。该方法是利用胶体颗粒在气液界面处形成二维有序阵列，随后该阵列可以被转移到同体基底上。胶体颗粒首先需要进行适当的表面修饰，以使得在利用铺展剂（如乙醇）将其铺展到气液界面上时仅有部分浸入液面以下。由于胶体粒子之间较强的相互吸引作用，例如界面不对称诱导产生的偶极相互作用，胶体颗粒可自发组装为二维有序阵列。

（8）对流自组装法。该法是指当把一滴胶体悬浮液滴在基底上，胶体粒子就会向液滴边缘移动。这是因为边缘处的溶液蒸发速率很高，导致溶液带着微球向边缘移动，靠着横向毛细作用力组装成有序结构。

第二节　材料性能分析

一、电性能

材料的电性能就是材料被施加电场时所产生的响应行为，主要包括导电性、介电性、铁电性和压电性等。

（一）导电性与介电性

1.导电性

对材料两端施加电压 V，则材料中可移动的带电粒子（载流子）从一端移动到另一端，电荷流动的速率即电流 I 与电压 V 及材料的电阻 R 呈正比，即 $V=IR$。这就是著名的欧姆定律，其中 V 的单位为 V（伏特，等于 J/C，即焦耳每库仑），L 的单位为 A（安培，等于 C/s，即库仑每秒），R 的单位为 Ω（欧姆）。电阻 R 与材料的长度 L 呈正比，与材料的截面积 A 呈反比，见式（2–1）。

$$R = \rho \frac{L}{A} \tag{2-1}$$

式中：ρ 为材料的体积电阻率，简称电阻率，单位为 $\Omega \cdot m$。电阻率的倒数即为电导率 σ，单位为 S/m，它是材料导电性能的量度，σ 越大，则导电性越好。

电导率大小等于载流子的密度 n、每个载流子的电荷数 Z_e 和载流子迁移率 μ 的乘积，即 $\sigma = nZ_e\mu$。所以，要增加材料的导电性，关键是增大单位体积内载流子的数目和使载流子更易于流动。导体中的载流子是自由电子，半导体中的载流子则是带负电的电子和带正电的空穴。材料的导电性与材料中的电子运动密切相关，而能带理论是研究固体中电子运动规律的一种近似理论，不同种类材料在导电性上的差异可以在该理论中得到较好的解释。

分子轨道理论认为，两原子间相应的原子轨道可以组合成同数的分子轨道。在金属晶体中，金属原子靠得很近，可以通过原子轨道组合成分子轨道，以使能量降低。金属晶体中通常包含数目极多的原子，这些原子的原子轨道可组成极多的分子轨道。由于数目巨大，各相邻分子轨道间的能级应非常接近，实际上连成一片，构成了具有一定能量宽度的能带，这是能带理论的基础。

金属晶体中含有不同的能带。已充满电子的能带称为满带，其中电子无法自由流动、跃迁。在此之上，能量较高的能带，可以是部分充填电子或全空的能带，称为空带，空带获得电子后可以参与导电过程，故又称为导带（CB）。价电子所填充的能带称为价带（VB）。而在半导体和绝缘体中，满带与导带之间还隔有一段空隙，称为禁带。

固体的导电性由其能带结构决定。对一价金属（如 Na），价带是未满带，故能导电。对二价金属（如 Mg），价带是满带，但禁带宽度为零，价带与较高的空带相交叠，满带中的电子能占据空带，因而能导电。绝缘体和半导体的能带结构相似，价带为满带，价带与空带间存在禁带。禁带宽度较小时（0.1~3eV）呈现半导体性质，禁带宽度较大时（>5eV）则为绝缘体。在任何温度下，由于热运动，满带中的电子总会有一些具有足够的能量激发到空带中，使之成为导带。由于绝缘体的禁带宽度较大，常温下从满带激发到空带的电子数微不足道，宏观上表现为导电性能差。

在半导体（如硅、锗）中，禁带不太宽，热能足以使满带中的电子被激发越过禁带而进入导带，从而在满带中留下空穴，而在导带中增加了自由电子，它们都能导电。并且由于温度越高，电子激发到空带的机会越大，因而导电率越高。这类半导体属于本征半导体。另一类半导体是通过掺杂而制备的，称为非本征半导体。所谓掺杂就是加入杂质（如掺杂剂），使电子结构发生变化。例如，在四价的 Si 或 Ge 中掺杂五价的 P、As 或 Sb，掺杂剂外层的 5 个价电子有 4 个参与形成共价键，剩余的 1 个电子尽管不是自由电子，但掺杂原子时其束缚力较弱，结合能在 10^{-2}eV 数量级，因此很容易脱离掺杂原子而流动，结果就是材料的导电性增大。此类含剩余电子的半导体称为 N 型半导体。如果掺杂剂为三价的 B、Ga、In 等，则由于只有 3 个价电子，在价键轨道上形成空穴，从而使导电性增大。这类半导体称为 P 型半导体。

离子化合物和高分子的电子结构中均具有较大的能隙，电子难以从价带激发到导带，因此这两类材料通常导电性很低，作为绝缘材料使用。但一些无机陶瓷在低温下表现出超导性，即温度下降到某一值（临界温度 T_c）时电阻突然大幅下降，直至降到接近零。

2.介电性

介电性是指在电场作用下，材料表现出对静电能的储蓄和损耗的性质。这种对静电能的储蓄和损耗，是由于在外电场作用下材料产生极化。这一过程称为电极化，而在电场作用下能建立极化的物质称为电介质。

电极化有两种情形：一种是在外电场作用下，材料内的质点（原子、分子、离子）正、负电荷重心分离，使其转变成偶极子；另一种是正、负电荷尽管可以逆向移动，但它们并不能挣脱彼此的束缚而形成电流，只能产生微观尺度的相对位移并使其转变成偶极子。

对相离的平衡金属板施加电压 V，撤去电压后所产生的电荷基本保留在平板上，这一储存电荷的特性称为电容 C，单位为 F（法拉第）。定义为电荷量 q 与电压 V 的比值，即 $C=q/V$，C 与平板面积 A 呈正比，与平板距离 L 呈反比，即 $C=\varepsilon(A/L)$，式中：ε 为介电常数或电容率，表征材料极化和储存电荷的能力，单位为 F/m。真空的介电常数 ε_0 为 8.85×10^{-12}F/m。当在平板间充入作为绝缘体的电介质时，电容由于电介质的电极化作用而增大，显然，由于 A 和 L 保持不变，故电容增大倍数等于电介质材料的介电常数 ε 与真空介电常数 ε_0 之比，该比值称为相对介电常数 ε_r，即 $\varepsilon_r=\varepsilon/\varepsilon_0$。为直观起见，材料的介电常数通常以相对介电常数表示，其测定方法：首先在两块极板之间为空气时测试电容器的电容 C_0（空气的介电常数非常接近 ε_0）。然后用同样的电容极板间距但在极板间加入电介质后测得电容 C_x，则 $\varepsilon_r=C_x/C_0$。

衡量材料介电性的另两个指标是介电强度和介电损耗。介电强度就是一定间隔的平板电容器的极板间可以维持的最大电场强度，也称为击穿电压，单位为 V/m。当电容器极板间施加的电压超过该值时，电容器将被击穿和放电。介电损耗是指电介质在电压作用下所引起的能量损耗，它是由于电荷运动而造成的能量损失。介电损耗越小，绝缘材料的质量越好，绝缘性能也越好。

（二）铁电性与压电性

1.铁电性

外电场作用下电介质产生极化，而某些材料在除去外电场后仍保持部分极化状态，这种现象称为铁电性。当铁电材料置于较强的电场时，永久偶极子增加并沿着电场方向取向排列，最终所有偶极子平行于电场方向，达到饱和极化，其饱和极化强度为 P_s。当外电场撤去后，材料仍处于极化状态，其剩余极化强度为 P_r，该极化强度只有在施加反方向的电场并且电场强度达到某一数值（ξ_c）才能完全消除。继续增大反向电场的强度，则导致偶极子在反方向上平行取向，直至极化饱和。如果再把电场方向反转并达到饱和极化，则可得到一个闭合的滞后回线。铁电体存在临界温度，高于此温度，则铁电性消失，该温度称为居里温度。铁电性的改变通常是由于在居里温度下晶体发生相变。不同材料的居里温度可以有很大差别。

2.压电性

对 $BaTiO_3$ 之类的铁电材料施加压力，导致极化发生改变，从而在样品两侧产生小电压，这一现象称为压电性或压电效应，相应的材料称为压电体。压电体可以把应力转换成容易测量的电压值，因此常用于制造压力传感器。

对压电体两侧施加电压，则可引起其尺寸发生变化，这种现象称为电致伸缩，也称为逆压电效应。如果对压电体薄膜施加交变电流，则薄膜产生振动而发出声音，利用这一现象可以制作音频发声器件，如扬声器、耳机、蜂鸣器等。

二、化学性能

一般来说，材料不同于化学试剂，它在使用过程中是不希望发生化学反应而消耗掉或转化成别的东西的。但材料在使用过程中往往要接触外界物质，例如空气、水气、酸性物质、碱性物质等，一定条件下会与这些物质发生化学反应。材料的化学性能就是材料对这些外界接触物的耐受性，也就是化学稳定性。由于组成和结构的差异，不同材料的化学性能特点也有所不同。金属材料主要涉及氧化腐蚀的问题，即生锈；无机非金属材料则关注其耐酸碱性；高分子材料主要是耐有机溶剂性以及老化问题。

（一）耐氧化性

金属作为单质容易失去电子而被氧化，所以金属材料的化学性能主要涉及氧化腐蚀的问题。除少数贵重金属（如金、铂）外，多数金属在空气中都会被氧化而形成金属氧化物，例如铁或钢铁会生锈、铜会形成铜绿等。锈蚀对于金属材料和制品有严重的破坏作用。试验结果表明，钢材如果锈蚀1%，它的强度就要降低5%～10%。在不同的使用环境中，金属的锈蚀情况也会有所不同。例如，铁在潮湿的空气中或泡在水里（特别是海水）很容易生锈，而在干燥空气中则相对不易生锈。这是因为存在不同的锈蚀机理，即化学锈蚀和电化学锈蚀。

化学锈蚀是指金属与非电解质接触时，介质中的分子被金属表面吸附，然后与金属化合，生成锈蚀产物。以空气中的金属为例，首先是金属吸附空气中的氧气分子，然后发生氧化还原反应形成金属氧化物，氧化物成核、生长并形成氧化膜。当生成的氧化膜很致密时，氧分子不能穿过氧化膜，阻止了金属进一步被氧化。由于致密氧化膜本身很薄，一般情况下并不影响金属的使用性能，因此这些能形成致密氧化膜的金属可以被认为具有良好的耐锈蚀性。铝是一种较活泼的金属，但因为在空气中能很快生成致密的氧化铝薄膜，所以在空气中是非常稳定的。在材料设计中，可以利用致密氧化膜的保护特性，以改善材料的耐氧化腐蚀性能。例如，在钢中加入对氧的亲和力比铁强的 Cr、Si、Al 等，可以优先形成稳定而致密的 Cr_2O_3、Al_2O_3 或 SiO_2 等氧化物保护膜，从而提高钢的高温抗腐蚀性能。

金属在潮湿空气中的锈蚀，在酸、碱、盐溶液和海水中发生的锈蚀，在地下土壤中的锈蚀，以及与不同金属的接触处的锈蚀等，均属于电化学锈蚀。电化学锈蚀的原理和金属原电池的原理是相同的。即当两种金属材料在电解质溶液中构成原电池时，作为原电池负极的金属就会锈蚀。这种能导致金属锈蚀的原电池称为腐蚀电池。只要形成腐蚀电池，阳极金属就会发生氧化反应而遭到电化学锈蚀。

形成腐蚀电池必须具备3个基本条件。第一个条件是有电位差存在，即不同金属或同种金属的不同区域之间存在着电位差。电位差越大，锈蚀越烈。对于不同金属接触或金属材料与所含杂质构成的腐蚀电池，较活泼的金属的电位较低，成为阳极而遭受锈蚀；而较不活泼的金属电位较高，作为阴极只起传递电子的作用，而不受锈蚀。第二个条件是有电解质溶液，即两极材料共处于相连通的电解质溶液中。潮湿的空气溶解了SO_2等酸性气体并吸附在金属表面形成水膜，即可构成电解质溶液。第三个条件是具有不同电位的两部分金属之间必须有导线连接或直接接触。

由于空气中不可避免地存在水蒸气、酸性气体，所以电化学锈蚀要比化学锈蚀更普遍，危害性也更大。为防止金属发生电化学锈蚀，可以通过抑制上述3个条件中的任何一个条件，使腐蚀电池不能形成。例如，在金属涂料底漆中加入具有表面活性的缓蚀剂，借助其界面吸附作用可将金属表面上吸附的水置换出来。此外，底漆中所含的水分，可被缓蚀剂的胶粒或界面膜稳定在油中，使其不能与金属直接接触。

牺牲阳极法保护金属则是人为地构造腐蚀电池。因为在腐蚀电池中，被侵蚀的是阳极，所以只要在金属材料上外加较活泼的金属作为阳极，而金属材料作为阴极，发生电化学腐蚀时阳极被腐蚀，金属材料主体则得以保护。

（二）耐酸碱性

除了金刚石、石墨、单质硅等少数单质材料外，无机非金属材料大多数为化合物，价态较稳定，不易发生氧化还原反应。而这些无机化合物很多都具有一定的酸性或碱性，在接触碱或酸时可能会受侵蚀。

无机非金属材料有耐酸材料和耐碱材料之分，其依据就是其对酸碱的耐受性不同。二氧化硅是一种酸性的氧化物，所以组成上以二氧化硅为主的材料在酸性环境下稳定，而在碱液中将会被溶解或侵蚀。其反应为：

$$SiO_2 + 2NaOH \longrightarrow Na_2SiO_3 + H_2O$$

普通的无机玻璃主要含二氧化硅，所以盛碱液的玻璃瓶不能用玻璃盖，以防瓶盖与瓶子的接触部位受碱液侵蚀而黏合在一起。基于同样原因，碱式滴定管也有别于酸式滴定管。

另外，硅酸盐材料也会被氢氟酸所腐蚀，其反应为：

$$SiO_2 + 4HF \longrightarrow SiF_4\uparrow + 2H_2O$$

$$SiF_4 + 2HF \longrightarrow H_2[SiF_6]$$

大多数金属氧化物都是碱性氧化物，当材料中含有大量碱性氧化物时，则表现出较强的耐碱性，而易受酸侵蚀或溶解。

除无机非金属材料外，在一些应用领域，金属材料耐酸碱性也必须考虑。例如，在氯碱工业中很多使用不锈钢、碳钢和灰铸铁，这些材料直接接触碱液，耐碱性是个大问题。碳钢在室温的碱性溶液中是耐蚀的，但在浓碱溶液中，特别是在高温工作下不耐蚀。为此，人们不断研究开发耐碱蚀的金属材料。如高镍奥氏体铸铁是一种发展较早、用途广泛的耐碱蚀合金铸铁。此外，铸铁中加入适量的Mn、Cr、Cu，通过热处理得到奥氏体＋碳化物的白口铁组织，这种合金铸铁在海水中的耐蚀性可以与高镍耐蚀合金铸铁相比，并且没有高镍耐蚀合金铸铁的点蚀及石墨腐蚀现象。镍铬铸铁中加入稀土，降低镍含量，既可以降低材料成本，又可以保证合金铸铁良好的耐碱蚀性。其耐蚀机理是碱蚀后稀土高镍铬铸铁表面生成完整、致密的 $\gamma - Fe_2O_3$ 或 $\gamma - Cr_2O_3$ 氧化膜和 Na_2SO_4、$FeCl_3$ 等附着物，使材料本体受到保护。

对于高分子材料来说，其主链原子以共价键结合，而且即使含有反应性基团，其长分子链对这些反应基团都有保护作用，所以作为材料使用，其化学稳定性较好，一般对酸和碱都有较好的耐受性。

三、磁性

（一）磁性的概念及种类

磁性是物质放在不均匀磁场中所受到磁力的作用。任何物质都具有磁性，所以在不均匀磁场中都会受到磁力的作用，磁场本身则受物质磁性的影响而增强或减弱。由磁介质产生的磁场，称为磁化强度。磁化率是衡量材料磁性的无量纲值，与材料的数量无关。

磁性的种类很多，大致包含反磁性、顺磁性、铁磁性、反铁磁性和铁氧体磁性几种。反磁性是指当外磁场作用于材料中的原子时，将使其轨道电子产生轻微的不平衡，在原子内形成细小的磁偶极，其方向与外磁场方向相反。这一过程产生一个负的磁效应，当磁场撤去后磁效应可逆地消失，这就是反磁性。反磁性表现为一个负的磁化率。顺磁性就是感应磁化的方向与外磁场方向相同，即材料在磁场中沿磁场方向被微弱磁化，磁场撤去后又能可逆地消失，具有正的磁化率。一些固体材料即使在没有外磁场的情况下也能自发磁化，而在外磁场作用下能沿磁场方向被强烈磁化。由于铁在具有这种性质的材料中最具有代表性，所以把这种性质称为铁磁性。一些材料出现另一种类型的磁性，就是反铁磁性。施加外磁场时，反铁磁性材料的原子磁偶极沿着外磁场的反方向排列。铁氧体磁性是指在一些无机陶瓷中，不同离子具有不同的磁矩，当不同的磁矩反向平行排列时，在一个方向呈现出净磁矩，又称为亚铁磁性。这些具有铁氧体磁性的材料统称为铁氧体。

（二）磁畴和磁化曲线

在居里温度以下，铁磁质中相邻电子之间存在着一种很强的"交换耦合"，在无外磁场的情况下，它们的自旋磁矩能在一个个微小区域内"自发地"整齐排列起来而形成自发磁化小区域，而相邻的不同区域之间磁矩排列的方向不同，这些小区域称为磁畴，各个磁畴之间的交界面称为磁畴壁。在未经磁化的铁磁质中，虽然每一个磁畴内部都有确定的自发磁化方向，有很大的磁性，但大量磁畴的磁化方向各不相同，因而整个铁磁质不显磁性。

当有外磁场作用时，那些自发磁化方向和外磁场方向呈小角度的磁畴，其体积随着外加磁场的增大而扩大，并使磁畴的磁化方向进一步转向外磁场方向。另一些自发磁化方向和外磁场方向呈大角度的磁畴，其体积则逐渐缩小，结果是磁化强度增高。随着外磁场强度的进一步增高，磁化强度增大。但即使磁畴内的磁矩取向一致，成了单一磁畴区，其磁化方向与外磁场方向也不完全一致。只有当外磁场强度增加到一定程度时，所有磁畴中磁矩的磁化方向才能全部与外磁场方向完全一致。此时，铁磁体就达到磁饱和状态，即成饱和磁化，饱和磁化值称为饱和磁感应强度（B_s）。

一旦达到饱和磁化后，即使磁场减小到零，磁矩也不会回到零，残留一些磁化效应。这种残留磁化值称为剩余磁感应强度（B_r）。若加上反向磁场，使剩余磁感应强度回到零，则此时的磁场强度称为矫顽磁场强度或矫顽力（H_c）。反向磁场继续加强直至在反方向上达到磁化饱和，然后反向重复上述磁场变化过程，得到一闭合的磁化曲线，称磁滞回线。

根据磁滞回线的形状，铁磁材料可分为软磁材料、硬磁材料和矩磁材料等。软磁材料在较弱的磁场下，易磁化也易退磁，在磁滞回线上表现为有较小的矫顽力，磁滞回线呈狭长形，所包面积很小，磁滞损耗低。例如锰锌铁氧体、镍锌铁氧体均属于软磁材料。软磁材料晶体结构一般都是立方晶系尖晶石型，主要用作各种电感元件，如滤波器、变压器及天线的磁性和磁带录音、录像的磁头，也适用于各种交流线圈的铁芯。

硬磁材料的剩余磁感应强度和矫顽力均很大，在磁化后不易退磁而能长期保留磁性，所以也称为永磁材料，适用于作永久磁铁。硬磁铁氧体的晶体结构大致是六角晶系磁铅石型，其典型代表是钡铁氧体（$BaFe_{12}O_{19}$）。这种材料性能较好，成本较低，不仅可用作电信器件如录音器、电话机及各种仪表的磁铁，而且已在医学、生物和印刷显示等方面得到了应用。

矩磁材料的磁滞回线为矩形，基本上只有两种磁化状态，可用作磁性记忆元件。

四、热性能

热性能主要包括热容、热膨胀和热传导，它们均与材料中的原子振动相关，而导热性还涉及电子的能量转移。

（一）热容

原子的振动可用能量描述，或利用能量的波动性质进行处理。绝对零度下，原子具有最低能量。一旦对材料加热，原子获得热能而以一定的振幅和频率振动。振动产生弹性波，称为声子，其能量 E 可用波长 λ 或频率 v 表示，即 $E = c/\lambda = hv$。式中，h 和 c 分别为普朗克常数和光速。材料热量得失过程就是声子得失过程，其结果是引起材料温度的变化，其变化程度可用热容表示。

热容是 1mol 物质升高 1K 所需要的热量，单位为 J/（mol·K）。等压条件下测定的热容称为定压热容，用符号 C_p 表示；等容条件下测定的热容称为定容热容，用符号 C_v 表示。对于晶体材料来说，在较高温度下热容为一常数，即 $C_p = 24.9$J/（mol·K）。室温下的热容即与此值接近，温度越高则越趋近。在极低温度下，物质的热容与绝对温度的 3 次方呈正比。

由于热膨胀的存在，固体材料的定压热容稍大于定容热容。通常所测定的都是定压热容。

（二）热膨胀

原子获得热能而振动，其效果相当于原子半径增大，原子间距离以及材料的总体尺度增加。材料的尺度随温度变化的程度用膨胀系数 α 表示，指的是温度变化1K时材料尺度的变化量。材料的尺度分为长度（线尺寸）和体积，因此膨胀系数有线膨胀系数 α_L 和体积膨胀系数 α_Y 之分。

材料的组织结构对热膨胀也有影响。结构紧密的固体，膨胀系数大。对于氧离子紧密堆积结构的氧化物，相互热振动导致膨胀系数较大，如 MgO、BeO、Al_2O_3、$MgAl_2O_4$、$BeAl_2O_4$ 都具有相当大的膨胀系数。固体结构疏松，内部孔隙较多，当温度升高，原子振幅加大，原子间距离增加时，部分被结构内部孔隙所容纳，膨胀系数就小。

（三）热传导

热量从系统的一部分传到另一部分或由一个系统传到另一个系统的现象称为热传导。热传导是热传递3种基本方式（热对流、热传导和热辐射）之一，它是固体中热传递的主要方式。材料中的热传导依靠声子（分子、原子等质点的振动）的传播或电子的运动，使热能从高温部分流向低温部分。材料各部分的温度差的存在是热传导的关键。如果只考虑一维的热传导，并且温度分布不随时间而变，则当沿着 α 坐标方向存在温度梯度 dT/dx 时，热量通量 q 与温度梯度呈正比。

负号表明热流方向与温度梯度方向相反。此规律由法国物理学家傅里叶于1822年首先发现，故称为傅里叶定律，所描述的是一维定态热传导的情形。热导率是表征物质热传导性能的物理量，单位是 $W/(m \cdot K)$，一些书籍或手册中采用 $cal/(cm \cdot s \cdot K)$，其换算关系为 $1cal/(cm \cdot s \cdot K) = 4.2 \times 10^2 W/(m \cdot K)$。

金属材料有很高的热导率，这是由于其电子价带没有完全充满，自由电子在热传导中担当主要角色。另外，金属晶体中的晶格缺陷、微结构和制造工艺都对导热性有影响。晶格振动阻碍电子迁移，因此当温度升高时，晶格振动加剧，金属的热导率下降。但在高温下随着电子能量增加，晶格振动本身也传导热能，这时热导率可能会有所回升。

对于无机陶瓷或其他绝缘材料来说，由于电子能隙很宽，大部分电子难以激发到价带，因此电子运动对热传导的贡献很小，所以热导率较低。这类材料的热传导依赖于晶格振动（声子）的转播。高温处的晶格振动较剧烈，从而带动邻近晶格的振动加剧，就像声波在固体材料中的传播那样。温度升高时，声子能量增大，再加上电子运动的贡献增加，其热导率随温度升高而增大。

半导体材料的热传导是电子与声子的共同贡献。低温时，声子是热传导的主要载体。随着温度升高，由于半导体中的能隙较窄，电子在较高温度下能激发进入导带，所以导热性显著提高。

高分子材料的热传导是靠分子链节及链段运动的传递，其对能量传递的效果较差，所以高分子材料的热导率很低。

第三章　碳纳米材料的制备与表征

第一节　碳纳米材料概述

碳元素广泛存在于茫茫苍穹的宇宙间和浩瀚无垠的地球上。按照原子比率的顺序，在太阳系的元素和同位素中，碳的丰度列第4位；而在整个宇宙所有元素中，碳的丰度列第6位；在地球上碳的丰度则列第14位。由于碳十分丰富，并能形成复杂的化合物，它在宇宙的进化过程中起着重要作用，是宇宙中前期生物分子进化的关键元素。作为一切生物有机体的骨架元素，碳也是地球上产生生物的基础。当今世界，碳质材料和碳基复合材料在日常生活和工业领域得到广泛的应用。另外，以碳为主要构成元素的有机化学及其发展为塑料、橡胶和纤维三大合成材料奠定了基础，而这些合成材料又为人们创造了一个绚丽多彩的新世界。新近发现的富勒烯、碳纳米管和石墨烯则将进一步为人类广泛利用其特异性能开拓出无限的前景。

一、碳纳米材料的概念

纳米科技从20世纪80年代发展到现在，从制备方法到各个领域的应用研究都取得了举世瞩目的成就。碳元素是元素周期表中唯一的一种具有从零维到三维同素异形体的元素。碳原子凭借其独特的杂化方式和多变的成键特点，形成了极为丰富的碳材料家族。多变的杂化方式既确定了碳基分子特有的空间构型，又决定了碳基纳米材料的优良性质。

碳纳米材料是指分散相尺度至少有一维小于100nm的碳材料，其分散相既可以由碳原子组成，也可以由非碳原子组成。碳材料是目前研究和应用很广泛的材料，碳材料的发展虽经历了一个较为漫长的历程，从早期的石墨、金刚石和无定形碳，到富勒烯、碳纳米管和碳纤维，再到有序介孔碳和石墨烯的发现，一次又一次地引起了科学界的研究热潮，其中富勒烯和石墨烯的发现者获得了诺贝尔奖。碳纳米材料具有的特殊物理化学性质、化学稳定性、热稳定性、电学和光学性质等特性，使它们在催化、传感、锂电池、药物输送、生物成像等诸多领域有着巨大的应用前景，是当之无愧的纳米材料中的"明星"。

二、碳纳米材料的分类

纳米材料按其结构可以分为三类：具有原子团簇和纳米微粒的称为零维纳米材料；晶

粒大小在两个方向上为纳米尺度的材料称为一维纳米材料；三个维度中有两个维度的尺寸不在纳米尺度的纳米材料称为二维纳米材料。如前文所述，碳原子凭借其独特的杂化方式和多变的成键特点，形成了极为丰富的碳家族。由碳元素组成的碳纳米材料是指其微观结构在某一或某几个维度方向上受到纳米尺度限制的材料。因此，从维度上可将碳纳米材料划分成零维碳纳米材料、一维碳纳米材料、二维碳纳米材料和三维碳纳米材料。事实上，没有任何元素能像碳这样作为单一元素可形成从零维富勒烯、一维碳纳米管、二维石墨烯到三维金刚石和石墨如此之多的结构与性质完全不同的物质。

（一）零维碳纳米材料

自20世纪80年代起，C_{60}分子为代表的富勒烯家族的发现，开拓了零维碳纳米材料的研究领域。之后，掺杂富勒烯、碳纳米球、空心碳纳米胶囊、碳包覆的金属纳米颗粒、金属包覆富勒烯等零维碳纳米材料被相继制备出来。事实上，零维碳纳米材料的典型代表是碳纳米颗粒，一般为球形或类球形。由于尺寸小、比表面积大和量子尺寸效应等原因，常具有不同于常规固体材料的特殊性质。尤其当材料的尺寸减小到数个至数十个纳米时，原来是良导体的材料会变成绝缘体，原来是典型共价键无极性的绝缘体的电阻会大幅下降，最终转变为导体，原来是P型的半导体也可能会变为N型。

可见，材料的物理和化学性质强烈依赖于材料的结构状态。零维碳纳米材料的结构主要是以碳纳米颗粒为主，常见的有无定形碳、炭黑、纳米金刚石、纳米石墨、富勒烯（C_{60}）、碳纳米笼、含碳的类纳米颗粒和原子团簇结构的纳米复合材料等。由于这些新型碳纳米颗粒具有不同的形貌、结构和尺寸，从而使其具有独特的物理和化学性质，由此使它们在众多领域具有潜在的应用价值。譬如，炭黑作为一种具有准石墨微晶结构的黑色粉末状碳纳米材料，其单个粒子的形状近乎球形或者类球形，其直径一般为 $10 \sim 300nm$。炭黑的尺寸分布不同，其结构性能也会大不一样，导致在色素及橡胶工业中产生不同的功能。

C_{60}开拓了从平面低对称性分子到全对称的球形分子研究的新领域。随后，C_{70}和C_{80}等物质相继被发现，这些具有相似中空笼状结构的物质已经广泛地影响到物理、化学、材料化学、生命以及医药科学等领域，极大地丰富和提高了科学理论，同时也显示出巨大的应用前景。作为碳纳米管的副产物，空心碳纳米笼是由多层石墨片层形成的一种空壳状碳纳米材料，其孔径一般在 $2 \sim 100nm$，表面结构类似于多孔碳，拥有较大的比表面积，因此可以被广泛地应用于纳米反应容器、吸附剂、光学仪器和电化学中的超级电容器等。另外，碳纳米笼还可以应用于药物传输、酶和蛋白质的保护以及感应器和储存材料中。

（二）一维碳纳米材料

富勒烯的发现加速了碳材料家族的迅猛发展，也提高了人们寻找新一代碳同素异形体的极大热情。日本学者于20世纪90年代用高分辨透射电镜发现了多层管状结构的碳纳米材料——碳纳米管，受到了科学工作者的广泛关注。按照研究者的共识，一维碳纳米材料主要有碳纳米管、碳纳米纤维和碳基一维异质结构等。一维碳纳米材料中，碳纳米管和碳纳米纤维在早期并没有明确的划分。目前，公认的分类主要是按照一维碳纳米材料的直径进行划分的。一般认为碳纳米管的直径在50nm以下，内部为中空结构；碳纳米纤维的直径在20~200nm，由多层石墨烯片卷曲而成。

作为一维碳纳米材料的典型代表，碳纳米管中每个碳原子和其他三个相邻碳原子相接，所以它的碳原子也是以sp^2杂化方式为主，同时也存在sp^3杂化。碳纳米管是由单层或多层石墨烯片卷曲而成的无缝中空管，具有奇异的物理和化学性能。由于它具有独特的中空结构、良好的导电性、大的比表面积、适合电解质离子迁移的孔隙，以及交互缠绕可形成纳米尺度的网络结构，因而被认为是超级电容器尤其是高功率的超级电容器理想的电极材料，近年来引起了广泛的关注并成为该领域研究的热点之一。碳纳米纤维除了具有化学气相沉积法生长的普通碳纤维低密度、高比模量、高比强度、高导电性、高热稳定性等特性外，还具有缺陷数量少、长径比大、比表面积大、结构致密等优点，在催化剂载体、锂离子二次电池阳极材料、双电层电容器电极、高效吸附剂、分离剂、结构增强材料等领域都有着广泛的应用。

（三）二维碳纳米材料

石墨烯是二维碳纳米材料的代表。它是由碳原子经sp^2杂化紧密排列而成的二维周期性蜂窝状网络结构。石墨烯中C—C键长约为0.142nm。每个碳原子与最近邻的三个碳原子间形成三个σ键，而剩余的一个p电子垂直于石墨烯平面，与周围碳原子的p电子形成π键。从结构上看，石墨烯是组成其他碳材料的基本单元：它可以翘曲成零维的富勒烯，卷曲成一维的碳纳米管，以及堆垛成三维的石墨。

石墨烯按其层数分类，可分为单层、双层和少层石墨烯。单层石墨烯是一种带隙为零的半金属，费米能级处的态密度为零，仅通过电子的热激发进行导电。双层石墨烯虽然带隙为零，但表现出一定的半导体性，其电子能量与动量之间不再表现出线性关系，通过在垂直方向施加电场，可以调控其带隙。而对于三层或更多层（十层以下）的石墨烯，其能带结构变得较为复杂。

近年来，一种新型的石墨烯基纳米材料——石墨烯纳米带受到广泛关注。顾名思义，石墨烯纳米带是指将石墨烯二维平面内某一方向上的尺度限制在100nm以内形成的条带状二维平面结构。限域的宽度和丰富的边缘构型赋予其许多不同于二维大面积石墨烯的性质和应用。鉴于其结构特点，更多的科研工作者将其归类于准一维碳纳米材料。

（四）三维碳纳米材料

三维碳纳米材料是一类非常重要的碳纳米材料，是由大量零维、一维和二维碳纳米材料中的一种或一种以上在保持界面清洁的条件下组成的系统，其界面原子所占比例较高。常见的三维碳纳米材料主要有碳泡沫、多孔碳（介孔碳、大孔碳）、碳纳米管泡沫和碳纳米管束等三维结构。

碳泡沫一般是由树脂、沥青通过热解得到的具有五边形或者球形孔状结构的材料，具有较大的开孔和柱状韧带结构，其石墨程度并不高。碳泡沫特有的三维微孔结构使其具有良好的吸附性能，此外，孔径的可控制备为其进一步的应用提供了较大的扩展空间。多孔碳材料一般可分为纳米孔、微米孔、介孔和大孔碳等类型。由于制备方法的不同，可分别通过有机碳化和模板法等得到具有上述多孔类晶态和无定形碳组成的多孔碳材料。碳纳米管泡沫一般通过化学气相沉积（CVD）来制备，生长过程需要特定的基底，再用选择性溶剂除去基底可得到三维结构的碳纳米管泡沫，其比表面积较大，具有完整的三维结构和良好的吸附性能。碳纳米管束三维结构一般借助沉积法将碳纳米管进一步通过组装而得到，其纳米结构在一定范围内比较有序，分散均一。

三维碳纳米材料具有独特的电学、磁学和光学性质，具有广阔的应用前景。以碳纳米管（CNTs）为基础的泡沫及三维束结构的材料不仅具有纳米尺寸，而且仅由单一元素构成，可根据其电子结构得到各种各样的晶体管结构。此外，由于三维碳纳米管中存在的堆积孔结构和中空管结构，使材料具有较高的比表面积，在气体吸附分离领域和传感领域也具有潜在的应用价值。另外，碳纳米管泡沫纤细的网中包含有数千个碳原子，相互交错后会产生一定的磁性，在电子元件和分离科学中可能具有不同寻常的应用。

三、碳纳米材料的性能

（一）碳纳米材料纳米效应

当粒子尺寸进入纳米量级时，其大量的界面和高度弥散性通过短程扩散途径使材料具有高的扩散率，与物质粗晶态表现出的性能有所不同。碳纳米材料由于其特有的纳米尺寸结构，与碳的宏观同素异形体（如石墨、金刚石等）明显不同，因而具有独特的纳米效应。这些特性包括小尺寸效应、表面与界面效应、量子尺寸效应以及宏观量子隧道效应。例如，纳米微粒尺寸小、比表面积大，纳米粒子粒径的减小，最终会引起表面原子活性增大，从而引起纳米粒子表面输送和构型的变化，以及表面电子自旋构象和电子能谱的变化。碳纳米微粒具有小尺寸和高表面能，位于表面的原子占相当大的比例。当粒子尺寸减小时，费米能级附近的电子能级便出现了由准连续变为离散能级的现象。与宏观物体相比，碳纳米微粒包含的原子数有限，当能级间距大于静电能、光能时，就导致碳纳米微粒的电、光特性与宏观特性显著不同。将一些发光试剂通过修饰手段或者其他相互作用功能化到碳纳米管、石墨烯等碳纳米材料的表面，可借助碳纳米管和石墨烯的纳米效应获得具有发光活性的碳纳米管复合物材料，对信号探针的检测灵敏度会起到一定的增敏效应。

（二）碳纳米材料物理特性

碳纳米材料具有优良的室温和高温抗弯强度和断裂韧性等力学性能，使其在切削刀具、轴承、汽车发动机部件等诸多领域都有着广泛的应用，并在许多超高温、强腐蚀等苛刻的环境下发挥了其他材料不可替代的作用。例如，碳纳米管尤其是单壁碳纳米管具有带隙、能确定的能带与子带结构，可作为光学和光电子应用领域的理想材料。此外，它也具有特殊的热学性能，其结构中电子具有较高的平均自由程，所以导热性能良好。最新的研究表明，碳纳米管的中空内腔不仅可以充当微型试管、模具或模板，而且将其他一些特定物质封存在这个约束空间后可进一步研究在宏观条件下观察不到的一些结构和行为，对一些反应的过程机制研究具有实际的意义。目前，利用碳纳米管的场发射特性制造的平面显示器件已经接近实用。利用碳纳米管的半导体特性研制新型电子器件的工作也已全面展开。

又如，石墨烯中碳—碳键长仅为0.142nm，碳原子之间的连接非常柔韧，当施加有外力的时候，其碳原子面会弯曲变形从而保持结构的稳定，避免碳—碳键的破裂。超短的键长以及键与键之间柔韧的连接使石墨烯成为迄今为止发现的世界上力学强度最大的材料，其断裂强度达到了42N/m，这个强度是钢的200倍。石墨烯这种超强的力学性能使其被作为一种理想的增强填料被广泛添加到高分子树脂、聚合物基金属氧化物中以增强各种材料的力学性能。

石墨烯载流子迁移率达$1.5 \times 10^4 \text{cm}^2/(\text{V} \cdot \text{s})$，是目前已知的具有很高迁移率的锑化铟材料的2倍，超过商用硅片迁移率的10倍，在特定条件下（如低温骤冷等），其迁移率甚至更高；石墨烯的热导率可达$5 \times 10^3 \text{W}/(\text{m} \cdot \text{K})$，是金刚石的3倍；石墨烯还具有室温量子霍尔效应等特殊性质。

碳纳米管和石墨烯具有特殊的光吸收和反射的特性，其他光学特性（诸如荧光、拉曼与光学非线性等）均表现出了与众不同的特点。例如，碳量子点是一种新型碳纳米材料，相比于半导体量子点，碳量子点具有独特的优势，如较好的生物相容性和环境友好性；相比于有机荧光染料，碳量子点具有荧光稳定、激发波谱宽、适应性好等优点，因此碳量子点有着广阔的研究和应用前景。碳量子点最引人注目的是其独特的光学性质。首先，无论是从基础研究的角度，还是从实际应用的角度考虑，尺寸相关的发光性质都是碳量子点一个非常重要的性质。目前，关于碳量子点的发光机理还没有被彻底地研究清楚，辐射的激子重组被认为是一种可能的机理。不同的碳源和硝酸处理会得到不同尺寸和不同表面能量带隙的碳量子点，这可以解释碳量子点的多色光致发光效应，还可以解释碳量子点在不同波长光源激发下可以发出不同颜色的光的现象。除了辐射的激子重组机理外，从碳纳米管中发现的从N到C的电荷转移机理也被认为是一种可能的机制。

碳量子点的另一个重要特点是荧光上转换性质。上转换发光是指在长波长激发光的激发下体系发出短波长光子的现象，即辐射光子能量大于所吸收的光子能量，属于反斯托克斯现象。下转换发光或斯托克斯现象是指传统的光致发光现象，指的是在短波长激发光的激发下，体系发射出较长波长光子的现象，所有的发光材料都遵从斯托克斯定律。研究人员已经合成出了具有上转换荧光性质的碳量子点，并认为碳量子点的上转换荧光性质可能是由于多光子过程，即同时吸收两个或多个光子，从而在比激发波长更短的波长处吸收光。

上述这些物理特性使碳纳米材料在纳米材料科学和生命科学等诸多领域中已成为人们关注的焦点。

（三）碳纳米材料电学特性

由于具有尺寸小和高度对称的结构特点，多数碳纳米材料表现出了优异的电学性能。组成碳纳米管的每个碳原子有一个未成对电子处于垂直于层片的p轨道，因此碳纳米管具有显著的量子效应和导电性能。由于卷曲的情况不同，碳纳米管的电学特性可以表现为金属型或半导体型。例如，由电弧法制得的多壁碳纳米管电导率很高，其值的大小已经接近电子在碳纳米管管道内运输时的理论极限值；多壁碳纳米管最多能承载高达$10^7 A/cm^2$的电流密度，单壁碳纳米管中的金属型碳纳米管同样可以承载很大的电流密度。石墨烯的导带和价带由于相交于费米能级处，使石墨烯成为零带隙半导体，从而显示出金属性。此外，石墨烯具有双极性电场效应，电荷能够在电子与空穴之间连续调谐，具有高的载流子浓度。石墨烯的K层电子可以在完美的石墨烯平面内无障碍地高速移动，其电子行为与无质量的狄拉克—费米子相似，可以在微米尺寸范围内传输而不被散射，这使石墨烯具有优异的导电性，几乎比所有导电物质的电子传输速度都要快很多。

（四）碳纳米材料化学特性

纳米材料具有一定的表面效应，主要是由于纳米粒子的表面原子数与总原子数之比随粒径的变小而急剧增大后所引起的性质上的变化。纳米粒子表面原子配位数不足和高的表面能等性能，使这些原子易与其他原子相结合而稳定下来，故具有很高的化学活性。相对于石墨烯来说，碳纳米管的比表面积更大，而且电子传导能力较强，因此具有更多的化学反应位点。这种独特的电子结构使其能够有效地促进电子的传递。此外，碳纳米管的管壁和端口存在显著的差别，其端口存在五元环和七元环结构，所以端口相对于管壁来说具有更高的化学活性，更易于在此处实现化学修饰。为此，碳纳米管被通过各种方式功能化后进行修饰电极的构筑，得到的修饰电极对蛋白质、有机分子、生物分子、环境污染物等表现出了良好的电化学催化性能，在一些化学分析检测应用中极大地提高了检测的灵敏度。有序介孔碳本身具有电催化性能，可以加快电子转移速度，对某些物质具有非常高的检测灵敏度、特殊的选择性、很好的稳定性，可以降低目标物的过电位，增加峰电流，改善分析性能。二者相比而言，结构上的差别使有序介孔碳的电催化活性要高于碳纳米管。另外，有序介孔碳是催化剂的良好载体，各种金属催化剂、金属氧化物催化剂等可以固载在有序介孔碳上，得到高催化活性的复合催化剂材料，在有机化学催化、污染物降解、生物分子电催化等领域具有广泛的应用。

例如，石墨烯的基本结构骨架非常稳定，一般化学方法很难破坏其苯环结构；另外，大π共轭体系使其成为相对负电体系，可以和许多亲电试剂（如氧化剂、卡宾试剂）反应。石墨烯主骨架参与的反应通常需要比较剧烈的条件，因此石墨烯的反应活性更多地集中在它的缺陷和边界官能团上。目前，最多的是利用石墨烯氧化物上的官能团（—OH、—COOH等）对石墨烯进行各种修饰。这些官能团以及相应的修饰也为石墨烯的溶剂处理和性质修饰提供了简易的手段。

四、碳纳米材料的前景

（一）碳纳米材料与电化学传感技术的发展方向

碳纳米材料从形态、组分和性质等方面受到了科研工作者的热切关注，一系列关于碳纳米材料的制备、表征和应用的研究得到了蓬勃的发展。在化学、环境、医学和生命科学等领域，碳纳米材料通常被作为各类反应的催化剂或者催化剂载体而使用，这些应用与碳纳米材料的特殊结构和特异性能是分不开的。例如，碳纳米材料的表面效应使其具有很大的比表面积和表面原子数，化学活性很高，这可以有效地促进催化反应的进行，因此在一些反应中可直接作为催化剂使用。在电化学催化反应过程中，其直接表现为降低一些活性目标物的氧化或还原的过电位，展现出了优良的电催化行为。由于碳纳米材料的尺寸与很多生物分子的尺寸相当，因此碳纳米材料可以作为生物物质或药物的载体，进入细胞体内，在药物释放、细胞标记等方面发挥了重要的作用。

起初，各种本征碳纳米材料被广泛应用于电化学及生物传感分析。如利用碳纳米管的直径小、表面能高、原子配位不足、表面原子活性高、易与周围的其他物质发生电子传递作用等特点，用其修饰电极对多巴胺、肾上腺素、抗坏血酸等进行检测，发现碳纳米管对生物分子有很好的电催化和选择性作用，对上述生物分子活性中心的电子传递具有明显的促进作用。有序介孔碳因其特有的均一孔径结构、高的比表面积和良好的导电性，也常用作电极修饰剂，由介孔碳构建的修饰电极对多巴胺、抗坏血酸以及一些有机物分子等也表现出了显著的电催化性能，且具有较高的检测灵敏度、特殊的选择性和很好的稳定性。同样，石墨烯用作电极材料具有化学修饰性好、电位窗口宽、催化活性较高、结构强度高和导电性好等优势，在电化学及化学/生物传感等领域也引起了广泛的关注，在目标物直接电化学分析检测及电分析载体材料中都得到了广泛的应用。如对重金属离子、过氧化氢、有机小分子、生物小分子（如多巴胺、尿酸和抗坏血酸），以及氧化还原蛋白质和核酸等生物大分子的直接电分析；在生物传感器构建中用于化学键合和非共价固定生物大分子等。随着研究的深入，越来越多的功能化和复合碳纳米材料也被相继开发出来，以适应和满足不同的分析要求。这些功能化材料包含共价功能化、非共价功能化以及其他纳米粒子复合功能化的碳纳米管、介孔碳及石墨烯等碳纳米材料。比如，将碳纳米管和石墨烯通过一定的方式进行复合后，得到的材料不但展现出了高的比表面积和优良的电导率，而且使超级电容器的电容量、能量密度和功率等性能均有大幅度的提升。

但是，随着分析任务和目标的多样化和实际化，对于目标物的分析要求除了以往的灵敏、准确、快速之外，对于复杂体系的实时、在线等高性能传感分析与检测是目前以及今后电化学及其生物传感分析发展和努力的方向。对于传感分析所依赖的基础碳纳米材料的类型、结构和性能提出了新的挑战，通过各种传感器件、修饰平台等构建集分离、富集和选择性的三者合一的传感平台是这一领域今后面临的主要挑战。因为电极界面的设计与处理对电极的重现性、选择性、稳定性和灵敏度等电化学测定结果影响很大，尤其是实现同一电极上以电化学方法同时测定多组分的研究，在生物科学、环境监测、医药等领域逐渐显现出较大的应用前景和重要的学术意义。鉴于碳纳米材料的特殊性质，应在已有的理论和认识的基础上，结合以上电化学分析的发展趋势，不断地开发和利用碳纳米材料的各种性能，将基于碳纳米材料的电化学分析技术推向一个新的台阶，更好地为人类的生产生活服务。

（二）碳纳米管的应用及其发展前景

碳纳米管作为加强相和导电相在纳米复合材料领域有着巨大的应用潜力，其中以碳纳米管复合材料/聚合物复合材料的应用研究发展得最快。将碳纳米管复合材料作为导电涂料的导电介质时，其管径越小，所制得的导电涂料导电性越好。碳纳米管复合材料作为导电涂料的导电介质的最佳长径比约为250。当碳纳米管复合材料长径比大于250时，所制得的涂料导电性随长径比的增大而减小；当碳纳米管复合材料长径比小于250时，所制得的涂料导电性随长径比的增大而增加。一般地，碳纳米管复合材料的含量越高，所制得的涂料导电性越好。针对新一代吸波隐身材料，要求吸收强、宽频带、质量轻、厚度薄、功能多、红外微波吸收兼容以及其他优良综合性能，利用碳纳米管复合材料特殊的电磁吸波特性，以及聚合物优良的材料性能，研究开发聚合物基碳纳米管复合吸波功能材料是实现该技术的有效途径。

（三）富勒烯的应用及其发展前景

以C_{60}为代表的富勒烯家族以其独特的形状和良好的性质开辟了物理学、化学和材料科学中一个崭新的研究方向，与有机化学中极常见的苯类似。以C_{60}为代表的富勒烯形成了一类丰富多彩的有机化合物的基础。在克拉茨奇默和霍夫曼等首先制备出宏观数量的C_{60}以后，科学家在实验室制备出大量的富勒烯衍生物并对其性质进行了广泛研究，立即意识到这类新物质的巨大应用潜力。富勒烯新材料的许多不寻常的特性几乎都可以在现代科技和工业部门找到实际应用价值，这正是人们对富勒烯如此感兴趣的原因，已经预见到富勒烯材料的应用是多方面的，包括润滑剂、催化剂、研磨剂、高强度碳纤维、半导体、非线性光学器件、超导材料、光导体、高能电池、燃料、传感器、分子器件，以及用于医学成像及治疗等方面。

C_{60}的结构特点决定着它具有特殊的物理和化学性能，它可以在众多学科当中都具有广泛的用途。例如，碱金属原子可以与C_{60}键合成"离子型"化合物而表现出十分良好的超导性能；过渡金属富勒烯C_{60}化合物表现出较好的氧化还原性能；在高压下C_{60}可转变为金刚石，开辟了金刚石的新来源；C_{60}与环糊精、环芳烃形成的水溶性主客体复合物将在超分子化学、仿生化学领域发挥重要作用，以C_{60}为基础的催化剂，可用于以前无法合成的材料或更有效地合成现有的材料，利用碳材料容易被加工成细纤维的特性很可能研制出一种比现有陶瓷类超导体更优的高温超导材料。管状富勒烯的发现与研究，很可能使这种超高强度、低密度的材料用于新型飞机的机身。C_{60}有区分地吸收气体的性质可能被应用于除去天然气中的杂质气体。C_{60}离子束轰击重氢靶预计运用于分子束诱发核聚变技术。C_{60}和C_{70}溶液具有光限幅性，可作为数字处理器中的光阈值器件和强光保护器，用C_{60}和C_{70}的混合物掺杂聚乙烯咔唑（PVK）呈现非常好的光电导性能及其用于静电印刷的潜在可能性。Si也被发现可能形成类似富勒烯结构，有望成为新的半导体元件材料。迄今为止，C_{60}原子团簇及其衍生物已涉及生命化学、有机化学、材料化学、无机化学、高分子科学、催化化学等众多领域，可用于复合材料、建筑材料、表面涂料、火箭材料等。虽然其广泛应用还需要很长时间，但随着人们对其不断认识，相信基于C_{60}的各种应用将具有更为广泛的应用前景。

（四）石墨烯的应用及发展前景

石墨烯可以说是21世纪所发现的物理和化学性能最为优异的一种材料了，它在多方面的应用均被寄予厚望，科学家们也投入了巨大的人力物力来研究。目前，国际上的研究热点主要集中在能量存储与转换领域的应用，如锂离子电池、超级电容器等。

1. 石墨烯在锂离子电池中的应用

锂离子电池的研究开始得很早，但它进入市场，可以追溯到索尼公司，索尼公司第一次提出并实施将其投入商业化应用。锂离子电池具有众多优异的性能，比如工作温度范围宽、电池容量大、自放电低等，在进入市场后迅速得到认可，并在日常生活中得到了广泛的应用。锂离子电池通常采用石墨作为负极材料，因此它的性能不够好。比如它的理论比容量低，电池的功率密度也不够高，需要长时间充电，循环稳定性较差等，以上种种原因导致它不符合科学家的期待，进而继续寻找其他替代品，负极材料为石墨的锂离子电池无法进一步应用。而石墨烯克服了负极材料为石墨的锂离子电池的种种缺点，它不但物理化学性质稳定，导电性和导热性良好，而且它的理论比容量几乎达到石墨的2倍，应用价值极高。

石墨烯的理论比容量还是不能满足要求，这阻碍了其进一步应用的可能性，因此，人们提出使用复合的方法，借助过渡金属氧化物理论比容量高的优点和石墨烯组成复合材料，复合材料相比之前的单一材料具有更大优势，可以解决锂离子电池负极材料采用石墨烯时存在的一些问题，并且保持着石墨烯的一些优良性能。科学家们还通过水热法制备了很多其他的石墨烯复合材料，也都具有非常优异的电化学性能。可以说，复合这条路对改善石墨烯的性能而言是行得通的。

2. 石墨烯在超级电容器中的应用

超级电容器可以用来储能，是一种新型装置，具有超高的能量存储特性。科学家们估计，未来随着它的广泛普及，有可能改变目前的能源消费结构，它的应用具有非常重大的意义。

目前，市场上的超级电容器主要分为双电层电容器和赝电容器两种。

双电层电容器主要利用极化所形成的双电层来储存能量，其原理如下：电极发生极化作用后，可以通过静电作用，来吸附电解质离子，这样在电解液界面之间就能够形成双电层。而赝电容器更为高级，它不但能够依靠双电层来实现能量存储，在它的活性电极和电解质之间会发生法拉第氧化还原反应，也能够实现存储电能的目的。基于表面现象，它们完成充放电过程，而石墨烯是一种理想的超级电容器材料。

石墨烯问世之前，各类碳材料都可以充当双电层电容器的电极材料，有碳纳米管、碳纤维、活性炭等，但这些碳材料存在各种缺点，单层石墨烯克服了它们的缺点，是一种良好的替代材料。尤其是石墨烯复合化合物，电化学性能非常优异，是完美的替代材料。赝电容器也是这样，之前具有种种缺点，表现不尽如人意，而采用复合材料后，比电容大幅提高。

3.石墨烯在其他领域的应用

石墨烯除了在以上提到的两种应用中具有优秀的表现外，还有许多其他应用。比如，制备太阳能电池材料时，可以采用石墨烯。它因为具有优异的电化学特性，所以在电化学领域表现突出，而基于石墨烯的柔韧特性所带来的其他应用也非常可观。比如，通过充分利用石墨烯优异的柔韧特性，可以用来制备一些柔性材料，如石墨烯智能触摸屏。目前，科学家们正在研发透明导电薄膜，如果研发成功，就有可能应用于人体可穿戴设备中，使未来的智能设备屏幕具备柔韧性。

第二节　碳纳米材料的制备

一、富勒烯的制备

（一）激光蒸发石墨法

激光蒸发石墨法是利用激光使石墨气化制备富勒烯的方法。也就是说，在高真空环境下，用短脉冲、高功率激光蒸发石墨，即可以得到 C_{60} 和 C_{70} 等。经过不断的改进，有人用长脉冲近红外激光轰击石墨表面也成功制备出了 C_{60}。但是这种方法制备的富勒烯非常少，每次仅能制备数千个富勒烯分子，远不能满足科研和工业应用需求。

（二）电弧放电法

具体方法是：在高真空的电弧炉内，以高纯石墨为电极，然后充入氦气，放电反应后生成的炭灰中存在大量的 C_{60}。这种方法使用的设备简单，操作方便，并且能够制备克量级的富勒烯，实现了富勒烯的大批量生产。但是该方法存在耗费大量的氦气，以及富勒烯的产率偏低等缺陷。

（三）高频加热蒸发石墨法

具体方法是：在2700℃高温和150kPa的氮气条件下，用高频炉加热高纯石墨，得到的炭灰中含有8%～12%的富勒烯。这是一种直接加热石墨的方法，但是这种方法在产率以及能量利用效率上都不如电弧放电法。

（四）萘高温分解法

研究表明，在约1000℃高温状态下，分解萘分子使其将氢脱离并重新组合，可得到C_{60}和C_{70}的混合物。但是这种方法制备的富勒烯产率极低，最大不超过0.5%。

（五）太阳能蒸发石墨法

这是一种利用聚焦太阳光直接蒸发石墨制备富勒烯的方法。为了提高富勒烯和掺杂金属富勒烯的产率，在广泛的探索中，研究者们发现电弧光对富勒烯的光化学破坏可能是碳电弧技术中碳棒放大尺寸的主要障碍。据此，考虑了数种排除光化学分解，同时增加碳棒尺寸以扩大生产规模的方式后，研究者们认为最好的方法是利用太阳光。采用大型太阳炉装置也许是大量生产富勒烯的唯一途径，它不仅避免了强紫外线辐射对富勒烯的光化学破坏作用，而且使碳蒸气到达缓冷区之前不会形成凝块，解决了石墨电弧或等离子体法中遇到的产量限制问题。

（六）火焰法

火焰法又称燃烧法。在火焰中对多面体碳离子形成的观测证实了富勒烯可能在燃烧中形成的设想。将苯蒸气和氧气混合，在燃烧室低压环境中不完全燃烧得到的烟灰产物中含有较高比例的富勒烯。由于具有可连续进料、操作简单且无须消耗电力资源的特点，火焰法制备富勒烯在工业化生产中具有无可比拟的优势。

对于火焰法制备富勒烯来说，在烟灰中分离提纯富勒烯也是富勒烯制备中非常重要的步骤。富勒烯的分离和提纯主要包括三个步骤：烟灰的处理与收集、富勒烯的提取、富勒烯的分离纯化。

1.烟灰的处理与收集

烟灰中除了有富勒烯外，还存在大量杂质。燃烧之后，烟灰冷凝聚集在冷却容器的壁上，收集壁上的烟灰用于下一步的提纯。

2.富勒烯的提取

烟灰的初步提纯采用萃取的方法，即在索氏提取器中，用苯、三氯甲烷、甲苯或正己烷等有机溶剂回流萃取，随着C_{60}和C_{70}的含量逐步增加，得到的溶液的颜色逐渐由酒红色变成棕色甚至深棕色。该溶液浓缩、蒸干，然后用乙醚洗去烃类杂质得到的棕黑色或黑色固体，即为富勒烯。对苯等溶剂萃取过的烟灰剩余物用1,2,3,5-四甲基苯作为溶剂，采用索氏提取可以得到含量达到14%的C_{78}等高品质富勒烯，但是提取非常困难。

除了萃取的方法，还可以采用升华法从烟灰中提取富勒烯。升华法是根据不同富勒烯分子间作用力的差异导致挥发难易程度不同的特点来提取富勒烯。这种方法的操作过程是在真空条件或惰性气氛中，将收集到的烟灰加热到400~500℃，升华得到褐色或灰色的颗粒状膜。但该法难以控制，故不常采用。

3.富勒烯的分离纯化

富勒烯的分离主要是指将C_{60}和C_{70}分离纯化。目前，分离方法主要有重结晶分离法、化学络合分离法、色谱分离法。重结晶分离法是利用不同种类的富勒烯在同一种溶剂中，在同样的条件下的溶解度的差异来实现不同富勒烯的分离。这种方法原理和操作都十分简单，可供选择的溶剂种类也十分丰富并且能够大量分离不同种类的富勒烯，具有很强的可操作性。一般来说，为了提高富勒烯的纯度可以进行二次或者三次重结晶，最终得到富勒烯的纯度可以达到99%以上。目前，对于重结晶分离法在富勒烯提纯中的应用仍然存在一些限制，主要是由于富勒烯在不同溶剂中的溶解参数还有待进一步的探究。

化学络合分离法的原理是化合物能够选择性地与富勒烯分子发生可逆的络合反应，从而扩大不同富勒烯分子间性质差异，便于不同富勒烯分子的分离。分离后通过一定手段使化合物和富勒烯分离，即可得到纯化的富勒烯。

二、纳米金刚石的制备

纳米金刚石除了具有普通金刚石的优异特性外，还具有纳米材料所具备的独特优势。例如，纳米金刚石的比表面积大、化学活性好、具有较大的熵值和结构缺陷。纳米金刚石已在复合镀层、研磨、抛光、润滑、密封、高强度树脂和橡胶等领域得到了深入的研究和广泛的应用。目前，纳米金刚石的制备和特性一直是研究的热点，特别是对技术简便、成本低廉、高效的纳米金刚石的制备方法的开发。

纳米金刚石的制备方法很多，最初采用冲击波法，而后又发展出了爆轰法、化学气相沉积（CVD）法等。不同的工艺方法可以得到不同种类的纳米金刚石。

（一）冲击波法

冲击波法又称动压法，是利用强力冲击波作用于石墨表面，从而获得巨大的能量，在石墨表面产生巨大的压力和超高的温度，使石墨转化形成纳米金刚石。在冲击波的作用过程中，石墨表面温度超过1000℃，压强最大可以达到200GPa，最小也超过60GPa，作用时间最长可以达到10s，最短仅为0.1s，但已经足以形成纳米金刚石。这种方法制备的金刚石尺寸主要集中在两个区域，即1～60μm的金刚石和50nm以下的纳米金刚石。

（二）爆轰法

爆轰法纳米金刚石又称超微金刚石，是由负氧平衡炸药中的碳在爆轰产生的高温（2000～3000K）、高压（20～30GPa）条件下形成的纳米金刚石颗粒。其回收率约为所用炸药质量的8%。纳米金刚石基本颗粒尺寸为5～10nm，经过化学净化可得到纯度大于95%的纳米金刚石粉。爆轰法制备的纳米金刚石受到很多因素的影响，其中包括炸药类型、冷却介质、碳源等都会对纳米金刚石的产率等性质产生影响。

（三）化学气相沉积法

研究发现，在优化化学气相沉积（CVD）法生长金刚石薄膜的过程中，在某种参数条件下，生成的不再是典型的微晶金刚石薄膜，而是一种直径在50~100nm的纳米金刚石薄膜，以及尺寸在2~5nm的超纳米金刚石薄膜。在常见的CVD法制备金刚石薄膜工艺中，把碳氢气体和氢气等混合气通入密封的反应室内，在一定的温度条件下就可以在硅衬底上生长出金刚石薄膜。

（四）火焰法

采用乙炔/氧气混合火焰在大气中成功制备了金刚石薄膜。自此以后，很多科学家对火焰法制备金刚石进行了深入的研究。火焰法以其设备简单、操作方便等优势成了金刚石制备技术中最受关注的方法之一。

1.衬底温度对金刚石合成的影响

燃烧火焰是一种常见的等离子体，在0.05~1eV范围内具有较大的电子密度和电子能量。火焰法制备金刚石的设备主要包括三个部件：基底、燃烧室和密封腔。火焰分为焰心、内焰和外焰，把基板放置在内焰中并保持一定温度，内焰等离子体中形成的部分碳游离基团就能在基板上生长出金刚石。

火焰法制备金刚石的生长速率、尺寸大小、均匀性以及结晶性等受到很多因素的影响，例如基板的种类、基板温度、火焰中含氧量等。

在火焰法制备金刚石过程中，衬底温度是一个极其敏感的因素。严格控制合适的衬底温度对合成高质量的金刚石薄膜有重要的意义。

研究发现，在乙炔/氧气火焰中，当衬底温度为700~1100℃时，可以生成高质量的金刚石；而衬底温度小于700℃时，则难以形成金刚石颗粒，并且非金刚石结构的碳含量很多。同样，在衬底温度高于1100℃时，也会出现类似的现象。

衬底温度除了影响能否生成金刚石，还对金刚石的生长速率有非常大的影响。研究发现，800℃左右是金刚石生长速率最快的衬底温度，温度过高或过低，金刚石的生长速率都明显降低。

此外，衬底温度的变化会对金刚石的结晶性产生较大的影响。例如，基体温度低时，（100）晶面的生长速率快，形成八面体晶体，主要出现（111）晶面。随着晶体温度升高，（111）晶面的生长速率加快，（100）晶面增大。

2.燃烧气体流量对金刚石合成的影响

研究表明，只有在还原焰的内焰才能形成金刚石颗粒。在还原焰范围内，随着乙炔/氧气混合比增大，火焰温度升高，非常有利于金刚石的生成。乙炔/氧气混合比小于0.75左右时，火焰的温度低，不利于金刚石的生成。

3.沉积方式对金刚石合成的影响

研究发现，喷嘴和衬底垂直时，火焰中心的金刚石形核密度很高，晶粒完整，内外焰交界处金刚石的结晶性最好，边缘金刚石多为球状多晶体。该方法制备的金刚石薄膜不均匀，薄膜分布具有径向分布效应。如果采用倾斜式喷嘴沉积法可以增加内外焰交界处与衬底表面的接触面积，有利于获得高质量的均匀金刚石薄膜。另外，还有一种可以消除径向分布效应的方法，就是采用移动火焰。移动火焰可以制备大面积的、高质量的均匀金刚石薄膜。

4.衬底材料对金刚石合成的影响

衬底材料主要对金刚石的形貌产生影响。当用金属钼、钨或硬质合金作为衬底时，生成的金刚石晶体主要由十四面体组成；而当以非金属作为衬底的时候，生成的金刚石晶体主要是八面体。此外，由于衬底材料性质及其规律不一样，即使在相同的沉积条件下，因传热效果的差异导致衬底表面温度不同，也会影响到金刚石薄膜的质量。同样，即使是同一种材料的衬底，如果衬底表面性质不同，生成的金刚石形貌也会有明显的差异。

三、碳纳米管的制备

（一）电弧放电法

电弧放电法可以用来制备单壁碳纳米管（SWCNT）和多壁碳纳米管（MWCNT），区别在于制备单壁碳纳米管时要将石墨粉末和钒、镍等金属粉末催化剂混合后填充在阳极中，并需严格控制制备的条件。之后，研究者对电弧放电法进行了一系列的改进和优化。目前，这种方法通常在真空反应器中进行，将具有一定压力的惰性气体作为保护气氛，以较粗大的石墨棒作为电弧的阴极，相对细的石墨棒作为阳极。当体系的温度达到3000℃以上时，石墨电极便会进行直流放电，在此过程中细的石墨棒作为阳极被不断消耗，同时在石墨阴极上沉积出含有碳纳米管或其他碳纳米颗粒的碳纳米材料。

可见，利用电弧法制备碳纳米管所需的温度要比其他方法高很多，一般情况下其产率较高，合成的碳纳米管结晶度高、缺陷少。但是，电弧放电法的阴极目标产物碳纳米管产生时往往含有其他的碳纳米颗粒，产物的纯度不是很高。因此，需要不断地通过电弧放电和各种参数的优化来调控制备的过程，从而解决产物的纯度问题。研究者首先通过深入的研究和探索，发展了一种"自维持放电模式"，该模式下在电弧放电过程中，阳极被不断消耗的同时，阴极上生长出和阳极直径相当的棒状的碳纳米管沉积物，再经过氧化处理后便可得到纯度较高的目标产物。但是这种方法制备的碳纳米管的纯度并不是很高，为此，研究者将过渡金属纳米颗粒作为催化剂引入电弧放电的阳极中，在约4000℃的高温下，借助金属催化剂对电极最大限度地进行石墨化，便得到了纯度较高的碳纳米管。随后，在电弧放电法的基础上，科学家们发展了复合电极电弧催化法制备碳纳米管的技术。该方法与普通电弧放电法的基本原理一致，区别在于在阴极石墨棒的中心打一小孔，再将过渡金属粉末加入小孔中充当催化剂。当电弧放电产生时，高温环境下的金属催化剂便会由固态相转化成蒸气相，从而得到均相催化剂，对同样环境下生成的蒸气相的碳进行催化，最终得到高纯度的碳纳米管。也可将金属催化剂填入阳极石墨棒中，如用填有铁、镍粉末混合物的石墨棒作为阳极，在氮气气氛条件下制备得到高纯度的碳纳米管。这种在阳极（或阴极）的石墨棒中间打洞后填充金属或合金粉末作为催化剂来制备高纯度碳纳米管的方法简单易行，并且具有较强的普适性，得到了广泛的应用。

（二）激光烧蚀法

激光烧蚀法是用激光直接蒸发石墨或者碳—金属的复合靶，分别可以制得MWCNT和SWCNT，这种方法也是在研究富勒烯的制备方法中发现的。相对电弧放电法，激光烧蚀法制备的碳纳米管很少有无定形碳存在，纯度相对较高。此外，激光烧蚀法在优化的激光强度和环境温度下，比传统的电弧放电法更容易实现碳纳米管制备的可控操作与定向生长，因此得到了国内外研究者的极大关注。

激光烧蚀法制备纳米碳管时可从以下三个方面来提高单壁碳纳米管的产量：对设备的改进和靶材的筛选；实验工艺的优化，诸如激光能量、制备温度等；催化剂的优化选择。也有研究者发现，采用镍/钴合金催化剂时，单壁纳米碳管的产量相比纯金属催化剂提高了10~100倍，采用钴/铂合金及镍/铀合金催化剂也可获得高产量的单壁碳纳米管。

（三）化学气相沉积法

化学气相沉积（CVD）法是一种常用的制备碳纳米管的方法。一般采用石英管作为反应室，当对催化剂进行活化处理后，在一定的高温（600~1200℃）下通入碳氢化合物与载气（通常为氩气，时间为15~60min）。碳氢化合物在催化剂上经分解、扩散、析出，最终生长出碳纳米管，待反应室温度降至室温时收集产物。若是液态碳氢化合物（如苯、乙醇等），液体放在烧瓶中加热，并以惰性气体为载气带动蒸发气进入反应区。如果是固体碳氢化合物作为碳纳米管的前驱体，其可以直接保存在反应管内的低温区。挥发性材料（如樟脑、萘、二茂铁等）直接从固态变为气态，在通过高温催化剂时进行沉积。像碳纳米管的前驱体一样，催化剂的前驱体也可以是任何形态：固体、液体或气体，可适当放置在反应室内或储存在外面。根据催化剂引入方式的不同，可以把制备气相生长碳纳米管的方法分为两种。在适宜温度下，催化剂进行气相热解而释放金属纳米粒子的原位，称为浮动催化裂解法；另外，将催化剂涂覆在基体上，高温区催化、气相生长碳纳米管的过程在基体上进行，称为基种法。

碳纳米管的合成受到许多因素的影响，如碳氢化合物、催化剂、反应温度、压力、气体流量、沉积时间和反应器的几何形状等。

1.碳纳米管的前驱体

最常用的碳纳米管前驱体为甲烷、乙烯、乙炔苯、二甲苯和一氧化碳等。前驱体的分子结构对碳纳米管的生长形态产生影响。线型碳氢化合物（如甲烷、乙烯、乙炔）热分解成碳原子或线型二聚体/三聚体的碳，一般产生平直、中空的碳纳米管。环状碳氢化合物（如苯、二甲苯、环己烷、富勒烯），产生相对弯曲、管壁内部呈桥状的碳纳米管。

一般而言，低温（600~900℃）化学气相沉积产生多壁碳纳米管，而高温（900~1200℃）反应有利于单壁碳纳米管的生长。这表明单壁碳纳米管的形成需要更高的能量（可能是由于其直径小、曲率大，能承受高应变能），或许这就是大多数碳氢化合物生长成多壁碳纳米管比生长成单壁碳纳米管容易的原因。因此，通常选用一氧化碳、甲烷等在900~1200℃下稳定地生长单壁碳纳米管；但生长多壁碳纳米管的前驱体（如乙炔、苯等）在这样高的温度下不稳定，导致大量的其他含碳化合物沉积。

2. 碳纳米管的催化剂

在CVD法制备碳纳米管的过程中，最为重要的环节应该是催化剂的制备。目前采用的催化剂，一类是过渡金属，最常用的为Fe、Co、Ni。在高温下，碳在这些金属中的溶解度高、扩散快。而且这些金属的高熔点和低平衡蒸气压使反应的温度范围变大，所以可以采用不同碳源做前驱体。Fe、Co、Ni比其他过渡金属更能较强地黏附在生长中的碳纳米管上，因此能充分有效地合成曲率大（小直径）的碳纳米管（如单壁碳纳米管）。除了常用的过渡金属Fe、Co、Ni外，其他金属如Cu、Au、Ag、Pt、Pd也可用作催化剂。

另一类是采用金属有机化合物（如二茂铁、二茂钴、二茂镍）为催化剂，也可加入一些含硫的化合物作为生长促进剂。这些金属有机化合物释放出原位金属纳米颗粒，有助于碳氢化合物有效分解。一般来说，碳纳米管的直径受到催化剂颗粒大小的影响，所以利用先进的技术预合成大小可控的金属纳米颗粒是生长直径可控的碳纳米管的必要前提。将催化剂薄膜均匀覆盖在各种基底上也被证实可以均匀地生长碳纳米管沉积物。获得高纯碳纳米管的关键取决于碳氢化合物的分解是否在催化剂的表面上进行，禁止在空气中进行高温分解。这种方法相对于采用金属催化剂的一大优势是容易实现连续操作。而且，反应期间催化剂与反应气体能充分接触，催化剂的利用率提高。该法通常是通过高温使金属有机化合物处于气态，通过载气将其与碳源气体一起送入反应炉，使其在气相反应中生成碳纳米管。

从原理及生长模型上看，二者并没有本质的区别，只是在反应前两种催化剂处于不同的状态，前者由于载体的稳定化作用处于固态，而后者由于高温升华处于气态，在气相中分解成金属或其氧化物状态而进行催化。因此两种催化剂对设备的要求不同，催化剂加入方式和产物收集方式也不同。

3. 催化剂载体

在早期的研究中主要采用SiO_2作为催化剂载体。SiO_2具有规则的孔结构，在许多场合下也适合作为分散金属的载体。它不仅热稳定性好，而且来源广泛、成本低廉。采用SiO_2作为载体可以避免载体对碳纳米管生长的影响，但是SiO_2R能用氢氟酸溶解去除，会给产物的提纯带来一定难度。

另一种常见的催化剂载体是Al_2O_3。Al_2O_3由于具有易获取、物理性能稳定、熔点高、硬度大、耐腐蚀等多种优良的理化性能，也被广大研究者采用。Al_2O_3作载体在产品提纯中较难除去，特别是在经过高温处理后更难除去，这也限制了这种载体的使用。

MgO也是制备催化剂常采用的一种催化剂载体，其相对于传统载体SiO_2和Al_2O_3的优势在于易于去除，只要使用稀盐酸浸泡就能去除大部分MgO载体，这使之后的碳纳米管提纯变得更为方便。此外，考虑到MgO呈碱性的特征，不会形成孔洞结构，可以避免无定形碳的生成。

沸石和分子筛类材料也是用途广泛的载体。它们不仅具有很大的比表面积，而且具有较规则的孔洞和很强的离子交换能力。一旦它们接触了过渡金属可溶性盐的溶液，离子交换就立刻发生，因此也常用于承载过渡金属进行碳纳米管的催化合成。另外一些报道过的催化剂载体有石墨、层状黏土矿物、碳纳米管、氧化钙、碳酸钙等。

（四）聚合物热解法

聚合物热解法是将碳源与催化剂粒子混合后通过热解来制备碳纳米管的一种方法。就目前而言，按照催化剂加入的方式，聚合物热解法可分为原位自生纳米催化剂颗粒的聚合物热解法和外加过渡金属纳米催化剂颗粒的聚合物热解法。前一种方法是将制备所需催化剂前驱体与聚合物进行混合，通过二者的氧化还原反应得到金属纳米颗粒，进而作为制备碳纳米管所需的催化剂；后一种方法习惯上将金属纳米催化剂直接加入含碳源的溶液中进行反应。

为了更好地实现碳纳米管的连续化生产和方便碳纳米管的后续处理，降低其生产成本，研究者对聚合物热解法在不断探索的基础上进行了适当的改进。流动催化热分解法就是其中的一个例子。如有的学者利用二茂铁作为催化剂前驱体，氢气作为载气，在约1200℃的温度下通过催化裂解甲苯成功制得了多壁碳纳米管。该方法虽然能够提高碳纳米管的产量，但是最终产物的石墨化程度不高。

（五）火焰法

火焰法又称燃烧法，是利用碳氢化合物燃料的燃烧火焰作为热源和碳源来合成碳纳米管的方法。该方法可以同时提供碳纳米管生长所必需的热源、碳源和催化剂，具有实验设备简单、能源利用率高，在大气环境中即可制备等优点。例如，将乙炔、氧气和氩气的混合气体进行燃烧后，在其产物炭黑中会伴有大量的非晶碳单层碳纳米管。也有研究证实，在苯、乙炔和乙烯与含有氧气的混合物燃烧后的炭黑产物中会产生一定量的碳纳米管。但是，火焰法制备碳纳米管时所需温度、反应气体组分、催化剂引入方式、取样时间、火焰温度等因素对碳纳米管的纯度有重要的影响。缺点是由于制备过程在大气中进行，火焰的稳定性差，以及出现碳原子供应不足的现象，并且会在碳纳米管表面和内部形成较多的缺陷和含氧基团。但是这些缺陷与基团有可能赋予其特殊的性能和用途。当前对火焰法合成碳纳米管的研究还处于探索阶段，尚未形成系统的理论，不同实验设备和条件会得到各种各样的产物。

四、碳纳米纤维的制备

（一）化学气相沉积法

化学气相沉积法通常是将一种或几种含有构成薄膜元素的化合物、单质气体通入放置有基体的反应室，基体物质在气态条件下发生一定的化学反应，生成固态物质并沉积在被加热的固态基体表面，进而制备固体材料的一种工艺技术。化学气相沉积制备碳纳米纤维可分为热化学气相沉积和等离子体增强化学气相沉积两种方法。这两种方法从本质而言都属于原子范畴的气态传质过程，与之相对应的是物理气相沉积（PVD）法。与物理气相沉积法不同的是，化学气相沉积法的粒子来源于化合物的气相分解反应。在一定的温度下，混合气体与基体表面发生相互作用，使混合气体中的某些成分发生分解，进一步在基体表面形成金属或者目标化合物的薄膜或镀层。其制备过程一般包含以下 3 个主要步骤：首先，借助气体产生挥发性物质；其次，将挥发性物质运送到沉积区；最后，使挥发性物质在基体上发生一定的化学反应。化学气相沉积法已广泛用于提纯物质，研制新晶体，沉积各种单晶、多晶或玻璃态无机薄膜材料，包括氧化物、硫化物、氮化物和碳化物等。化学气相沉积法在无机材料制备中具有广泛的适用性，与其他涂层方法相比具有以下特点。

①设备简单、操作方便，适用于制备多种无机本征及复合材料。

②常压或低真空环境下制备材料，可形成均一的深孔、细孔结构的材料。

③沉积膜层质量较好，与基底的结合力牢靠，具有高度的稳定性。

④涂层致密均匀，易控制材料的纯度、密度、结构和晶粒度。

⑤采用等离子和激光辅助技术可以显著地促进化学反应，可在低温下实现材料的制备。

碳纳米纤维的化学气相沉积制备是利用低廉的烃类化合物作为原料，在 $500 \sim 1000\,^{\circ}\mathrm{C}$ 的高温下，利用金属催化剂将烃类化合物进行热分解来制备碳纳米纤维。作为一种制备碳纳米纤维的经典方法，按照催化剂加入的方式，化学气相沉积制备可分为基体法、喷淋法、等离子体增强化学气相沉积法和气相流动催化法。基体法是将过渡金属纳米催化剂颗粒均匀分布在基体表面（陶瓷或石墨），在一定的高温环境下，将烃类气体通过载有催化剂的基体表面，使其热分解并析出碳纳米纤维。该方法尽管可以制备出高纯度的碳纳米纤维，但对催化剂的质量要求较高，且产量不高，难以连续生长，不易实现工业规模化生产。

为了解决连续及规模化生产碳纳米纤维的实际问题，研究者提出了一种将金属催化剂与液态烃类含碳原料进行混合后直接在高温反应室中进行喷淋，从而实现碳纳米纤维的规模化生产的方法，即喷淋法。这种方法虽然通过催化剂与反应物的连续喷入，为工业化连续生产提供了可能，但是制备出的碳纳米纤维的强度、质量、产量等并不乐观，碳纳米纤维的比例在产物中普遍较小，并且常伴有大量的副产物炭黑，从而影响了碳纳米纤维的品质。

此外，有研究者将等离子体引入碳纳米纤维制备中，发展了等离子体增强化学气相沉积法制备碳纳米纤维的新技术。其特点在于等离子体中含有的大量高能量电子，为化学气相沉积过程提供了所需的激活能。且等离子体气氛中的电子与气相分子的有效碰撞可以进一步促进气体分子的分解、化合、激发和电离过程，从而生成活性很高的各种化学基团。因此，等离子体增强化学气相沉积法可以容易地实现定向排列的碳纳米纤维的制备。但该方法所需仪器设备较为复杂，制备成本较高，且制备过程可控性较差，不利于碳纳米纤维的工业规模化生产。

经过大量的探索后，人们发现将催化剂前驱体进行预加热，使其以气体形式同烃类气体一起引入反应室，在反应室的高温环境下，实现了烷类气体的分解并得到预期的碳纳米纤维，从而发展了气相流动催化法制备碳纳米纤维的方法。这种方法最大限度地使用了催化剂的效能，可实现碳纳米纤维的规模化连续生产。

（二）固相合成法

固相合成法作为近年来报道的一种制备碳纳米纤维的新方法，一经出现就引起了研究者的极大关注。该方法最大的特点在于采用固相碳源作为制备碳纳米纤维的原料，故名固相合成法。如将高纯石墨粉和钢球一同放入球磨机中，在室温和氩气保护下，于高压环境下进行球磨，可通过固相环境实现碳纳米纤维的制备。该方法的问世验证了除单一气态或液态碳源外，固相碳源也可在一定的条件下来可控制备碳纳米纤维的设想。基于此，研究者发展了通过高温固相热解钴酞菁、铁酞菁而制备碳纳米纤维的方法，进一步证实了固相合成法的可靠性和实用性。此外，由于固相合成中常采用的碳源和金属催化剂共存体等大分子，在催化效能方面本身具有显著的优势，在制备过程中还会产生一些弯曲、螺旋等形态的碳纳米纤维，为多样化结构的碳纳米纤维的合成提供了一种良好的思路。

大量的研究表明，碳纳米纤维的形态可由前驱体的性质和热解条件的优化进行调控，这也正是固相合成法的另一优点所在，可以通过较为简单的条件控制达到可控合成碳纳米纤维的目的。随着研究的深入，人们发现基于固相合成中的热解原理，在惰性气氛中可将一些有机大分子进行裂解，最终会在无催化剂存在的条件下通过固相合成来制备碳纳米纤维。

（三）静电纺丝法

该方法主要基于高压静电场下导电流体产生的高速喷射原理来制备碳纳米纤维。静电纺丝法制备碳纳米纤维的流程：带电的聚合物溶液或熔体液滴在几千伏至几万伏高压静电条件下被加速而克服表面张力产生带电喷射效应，溶液或熔体在喷射过程中干燥、固化最终落在接收装置上形成纤维毡或其他形状的纤维结构物。例如，采用静电纺丝技术制备聚丙烯腈纳米纤维，在通过高温热稳定和碳化处理后，得到了碳纳米纤维，该方法制得的碳纳米纤维具有连续、直径分布均匀、强度和纯度高等优点，适用于进行工业规模化生产和制备。相对于化学气相沉积法，静电纺丝法制备的碳纳米及复合纤维具有以下明显的优势。

①静电纺丝法操作简便，制备条件及环境要求低，室温即可。

②制备工艺易于控制，得到的碳纳米纤维纯度高，很少含有其他杂质。

③通过加入其他易分解的高聚物或采用同轴静电纺丝技术，容易实现对纤维结构的可控优化和人为设计。

（四）生物制备法

生物制备法是基于细菌培养来制备碳纳米纤维的一种生物方法，我国科学家曾采用木醋杆菌成功合成了纳米级的纤维素，制得的碳纳米纤维不含木质素，结晶度和聚合度高，分子取向好，具有优良的力学性能。但由于生物制备法过程复杂，条件相对较为苛刻，且不能满足碳纳米纤维的产业化生产的需求，目前主要应用于实验室制备碳纳米纤维。

五、石墨烯的制备

（一）机械剥离法

机械剥离法是一种低成本制备高质量石墨烯的简易方法。与其他方法相比，机械剥离法对操作条件的要求相对较低，并且容易获得高质量的石墨烯。

1. 微机械剥离法

（1）胶带法。该法几乎是为了剥离石墨而发明的一种微机械剥离法，当然还与石墨的结构有很大关系。众所周知，石墨为层状结构，其碳原子层之间以较弱的范德瓦耳斯力结合在一起。若利用胶带的黏合力对石墨表面进行撕揭作用时，层与层之间易发生滑动、分离，不断重复该动作，将会使石墨片层从其基底表面脱离下来。其制备过程大致如下：首先将定向热解石墨表面进行氧等离子刻蚀处理，并用光刻胶将其转移到玻璃衬底上，然后用胶带反复撕揭处理后的石墨表层，之后把玻璃衬底放入丙酮中，最后用硅片等将单层或数层的石墨烯从有机溶剂中捞出，把硅片放入丙醇里超声以去除较厚的石墨片，而石墨薄片（包括单层石墨烯）由于范德瓦耳斯力或毛细作用力吸附在硅片上。

（2）轻微摩擦法。轻微摩擦法是较早出现的一种剥离石墨的方法，但早期只是在尝试对石墨进行剥离，并得到了少于100个碳层的石墨晶体。其制备过程大致如下：与胶带法一样，首先在高定向热解石墨的表面使用等离子刻蚀出石墨柱，再用精密的微型操作装置将石墨柱转移到原子力显微镜的悬臂上，然后以悬臂上的石墨柱为针尖，在硅片衬底上进行接触模式下的操作。通过控制原子力显微镜的悬臂产生一定的剪切力，就可以对石墨片层进行剥离。研究者借助此方法得到了面积约为 $2\mu m^2$ 大小的石墨片。事实证明，这种轻微摩擦法不但可以用来制备石墨烯，还可以从其他层状材料中剥离出与石墨烯结构相仿的二维晶体材料%轻微摩擦法的缺点是单层及少数层石墨烯不易寻找，其尺寸也不易控制。

上述两种方法的本质就是通过机械力将单层的石墨烯从多层石墨中实现有效的分离。热解石墨在胶带间不断转移不断变薄，层数越来越少，转移到硅基底上后可能发现独立存在的石墨烯片。

（3）超薄切片法。超薄切片法是针对一些特殊结构的材料而提出的一种直接制备石墨烯的方法，如聚丙烯腈基碳纤维，由于其结构基本单元与石墨烯都是以 sp^2 轨道杂化方式连接的碳原子。因此，通过一定的微机械力裁剪便可得到石墨烯薄膜。其制备过程大致如下：首先将聚丙烯腈基碳纤维表面的杂质通过一定方式除去，得到表面无杂质的纯碳纤维；其次将一束预浸透的碳纤维分别按平行于模具侧面方向压入预先配制的环氧树脂溶液中，对其固化、包埋；最后进行超薄切片，得到石墨烯片层。超薄切片法由于选材严格，操作相对前两种方法较复杂，且制备难以控制。

总之，微机械剥离法工作原理简单、容易操作，且制作样本质量高，是当前制备单层高品质石墨烯的主要方法。但是，由于微机械剥离法是利用摩擦石墨表面，进而获得薄片来筛选出单层石墨烯的一种方法，因此其尺寸不易控制且存在很大的不确定性，无法可靠地制备长度可控的石墨薄片样本。此外，此类方法的重复性较差，耗时耗力，同时效率低、成本高，不适合大规模生产。

2. 液相机械剥离法

采用液相机械剥离法制备石墨烯片是通过在有机溶剂中长时间超声处理石墨，破坏石墨层之间的范德瓦耳斯力，将原料石墨直接剥离成单片石墨烯。实验发现大量有机溶剂可用于液相剥离石墨烯，包括乙醇、甲基吡咯烷酮、丙酮、环戊酮等，该方法不需要任何的插层剂处理，即可获得大批量高质量少层石墨烯。尽管液相剥离法提供了制备高质量石墨烯片的新方法，但通过该方法制备的石墨烯溶液中含有各种层数的石墨烯片，难以获得高纯度的单层石墨烯片；而且由于需要长时间超声处理，石墨烯片的尺寸仅为数百纳米级别，这在很大程度上限定了该方法对于大尺寸高纯度石墨烯的制备。

其中超声波剥离法是利用超声波的能量通过对石墨进行剥离来制备石墨烯的一种方法。如有的研究者利用超声波法成功剥离了天然鳞片石墨从而得到了石墨烯微片。其制备过程大致如下：首先对天然鳞片石墨在真空80℃下干燥24h，并将样品用浓硫酸进行插层酸化得到石墨层间化合物，然后对酸化后的石墨进一步进行干燥及高温处理，得到膨胀石墨，最后利用超声波粉碎石墨得到石墨烯微片。该方法证实了液相超声剥离法制备多层石墨烯微片的可靠性，研究者们还发现，超声时间越长，得到的石墨烯微片的尺寸将会越小。

3. 普通机械剥离法

普通机械剥离法是指按照机械工艺如球磨法、切磨法和磨剥法等手段从一些含碳材料中剥离制备石墨烯的方法。球磨法是一种工业上广泛使用的制备超细粉体材料的常见方法。在球磨过程中，由于研磨体对物料不断地产生冲击与研磨，如此反复地研磨对物料颗粒表面产生不断的冲击，使物料颗粒表面固有或新生的裂纹进一步扩张。假设用类石墨结构的含碳材料进行适当的球磨处理，可能会得到一定数量的石墨烯。

尽管球磨法能够制备出一定量的石墨烯，有些方法甚至可以达到规模化生产的要求，但是，这些方法得到的石墨烯在进一步的应用过程中表现出了较为严重的团聚现象，如果能进行原位湿法化学修饰，就能避免该问题。所以，球磨法相对而言更适用于石墨烯基复合材料的制备。

（二）化学剥离法

相对而言，化学剥离法是一种较为简单的制备石墨烯的方法。通常采用化学试剂来辅助剥离，其最常见的形式是化学液相剥离，与液相机械剥离法非常相近，需加入一定量的化学试剂辅助剥离。目前有三种途径来予以实现：第一种是利用适当的溶剂，借助超声手段对石墨进行剥离，再通过离心分离等过程得到石墨烯。如使用 N-甲基吡咯烷酮、N, N-二甲基乙酰胺、γ-丁内酯、1,3-二甲基-2-咪唑啉酮。研究者在使用该方法剥离石墨的过程中发现，只有当石墨烯与溶剂的表面能相近时，混合后的焓变才会较小，剥离石墨烯所需的能量也相对减小。第二种是将石墨分散在有机溶剂 N-甲基吡咯烷酮中超声处理，石墨原料被剥离后得到分散浓度高达0.01mg/mL的石墨烯。第三种是利用一些大分子、强氧化剂、表面活性剂和特殊离子等对石墨进行插层、氧化，由于石墨片层之间是以相对较弱的范德瓦耳斯力堆积，引入的分子或氧化剂会将石墨片层不断地进行剥蚀，最终形成单层的石墨烯片或者氧化石墨烯。

（三）SiC外延生长法

SiC外延生长法是通过在真空条件下加热单晶SiC，从而在单晶Si面上分解出石墨烯片层。在制备过程中，首先对样品进行氧气或氢气刻蚀处理，在高真空下通过电子轰击加热样品以除去氧化物，然后将样品加热至1250℃恒温处理1~20min。在热处理过程中SiC中的Si原子将被蒸发出来，剩下的C原子重排生成晶态纳米碳，从而得到极薄的石墨烯片层。这种方法制备的石墨烯难以获得较好的长程有序结构，通常会含有较难控制的缺陷以及多晶畴结构。采用该方法制备大面积、厚度均一的石墨烯较困难，同时产物与基体的作用会对石墨烯的电学性能产生较大影响，且单晶SiC价格昂贵，无法实现石墨烯的批量制备。

（四）石墨插层剥离法

石墨插层剥离法是在碳原子层之间引入大量的原子或分子插层，如矿物酸或碱金属等，以增加碳原子层间距，削弱原子层间的范德瓦耳斯力，从而有利于采用机械力或其他方式对石墨层进行剥离而得到石墨烯。一种典型的方法是采用硫酸和硝酸的混合物对原料石墨进行插层，然后对插层石墨进行快速加热或者微波处理而得到膨胀石墨。膨胀石墨仍然保持层状结构，但是其层间距相对于原料石墨来说有所增加，对膨胀石墨进行超声处理能使其剥离成只有10nm厚度的多层石墨烯，并且其尺寸可以达到十几微米。通过对剥离的多层石墨烯片进行再插层或者共插层处理可以得到更薄的石墨烯片。值得注意的是，尽管酸处理能在一定程度上氧化石墨片层，但是其氧化程度远比氧化石墨的弱，因此剥离后的石墨烯具有更少的缺陷密度以及更优异的导电性能。

（五）氧化石墨还原法

氧化石墨还原法是目前较为成熟的一种制备石墨烯的方法。该方法通常利用强氧化剂和强酸性介质将石墨氧化成氧化石墨烯（GO），再对其进行还原而得到石墨烯（rGO）。从结构角度来讲，在氧化还原过程中，石墨结构中碳原子的sp^2结构会发生很大的变化，经氧化键合羧基、环氧基、羰基和羟基等含氧官能团后形成以sp^3杂化的共价键型石墨层间化合物，即氧化石墨烯。在还原过程中，氧化石墨烯表面的含氧官能团逐渐减少并消失，石墨烯的共轭π键得以恢复；同时，其结构中碳原子的sp^2结构也随之恢复。石墨本身是一种疏水性的物质，经氧化后得到的石墨氧化物其表面通常含有羧基和羟基，层间含有环氧和羰基等含氧基团，这些表面和层间存在的含氧基团会使石墨层间的距离从0.34nm扩大到约0.78nm。氧化石墨烯常见的制备方法有以下三种：马特梭（Matsuo）法、拉梅什（Ramesh）法和哈默斯（Hummers）法，各种制备方法又有各自的优缺点。

1.马特梭（Matsuo）法

先用发烟浓硝酸将石墨粉进行初步氧化，硝酸根离子也随即插入石墨片层之间，再利用氧化剂高氯酸钾将其进行进一步氧化，最后加入大量的水至中性，再通过超声、干燥等处理即可得到氧化石墨烯。

2.拉梅什（Ramesh）法

先将发烟浓硝酸和浓硫酸按照一定的比例配制酸性混合溶液，再对石墨粉末进行氧化处理，最后也同样利用高氯酸钾作为强氧化剂，得到氧化石墨烯。

3.哈默斯（Hummers）法

先将天然石墨粉和无水硝酸钠一起加入浓硫酸中，再加入氧化剂高锰酸钾，利用体积分数为3%的双氧水处理多余的高锰酸钾和生成的二氧化锰，最后加入大量的水，去除溶液中的其他离子，即得到氧化石墨烯。

大量的研究发现，马特梭（Matsuo）法和拉梅什（Ramesh）法制备的氧化石墨烯，从结构而言，碳层往往会受到较为严重的破坏，而且对环境有一定的污染。哈默斯（Hummers）法是用无毒、绿色试剂对石墨粉进行氧化的一种处理方法，制备出的氧化石墨烯结构相对比较完整。因此，在目前的研究中被广泛地采用。无论采用哪种方法，得到氧化石墨烯后，通过对氧化石墨烯的还原即可得到石墨烯。常见的还原方式有高温热还原、溶剂热还原、化学试剂还原、电化学还原、等离子体还原和紫外线还原等。下面就常见的几类还原氧化石墨烯的方法进行简要介绍。

①高温热还原。此方法是利用高温将氧化石墨烯中的氧原子和氢原子以水分子和二氧化碳或一氧化碳的形式进行还原。高温还原的主要原理是利用高温环境下产生的高能量作用，使氧化石墨烯表面的含氧基团被去除。与此相似的还有紫外线还原氧化石墨烯，这种光还原的过程也是利用了紫外线的高能量对氧化石墨烯进行还原。

②溶剂热还原。此方法是在较低的温度下，在溶液中将氧化石墨烯进行还原的方法。

③化学试剂还原。此方法是应用化学试剂的还原性，将氧化石墨烯的含氧官能团进行还原，进而获得石墨烯的一种方法。现阶段的还原试剂主要有碘化氢、水合肼、硼氢化钠、溴化氢和氢氧化钠以及一些有机试剂等。

④电化学还原。电化学还原氧化石墨烯通常采用二电极或三电极体系，在较高的负电位下，采用恒电位或者伏安沉积便可在工作电极上得到石墨烯。大量的研究表明，电化学方法还原氧化石墨烯方法具有制备过程简单、快速，工艺绿色、环保，还原程度高效、可控等优势。

在电化学分析领域，人们更愿意通过间接方法来制备石墨烯，即先将氧化石墨烯滴涂在电极表面，之后再通过电化学还原手段得到石墨烯修饰电极。此方法工艺简单、无须使用精密仪器、原料成本小、产量高，且制备的石墨烯稳定性好，是目前大规模生产石墨烯的首选方法。

（六）"自下而上"有机合成法

"自下而上"有机合成法从芳香小分子开始，通过有机合成反应一步一步地合成出多环芳烃（PAH）或石墨烯纳米带（GNR）。多环芳烃也被称为纳米石墨烯，平均直径小于10nm，可以看作二维石墨烯片的碎片。

目前，多环芳烃的设计和合成仍然是获得高性能、高产率石墨烯的关键步骤。科研人员已经探索出了多种利用"自下而上"有机合成法合成石墨烯的路径，其中一种典型的合成方法是基于三维树枝状或超支化聚苯分子内的脱氢环化和平面化。迄今，合成出的最大的石墨烯类平面PAH含有222个碳原子（简写为C_{222}）。其他大分子PAH还有三角形的C_{60}、心形的C_{96}、四方形的$C_{13}2$等。

六苯并蔻（C_{42}，HBC）含有42个碳原子，是研究最广泛的平面石墨烯类分子之一，目前对于不同取代基HBC的一种比较通用的合成方法主要是通过迪尔斯–阿尔德（Diels–Alder）反应先脱羧基生成六苯基苯，然后在$FeCl_3$或$CuCl_2/AlCl_3$作用下环化脱氢得到较大平面的HBC及其衍生物。

随着纳米科学和纳米技术的发展，"自下而上"的有机合成方法被证实是一种非常有用的合成不同尺寸、形状、组成和结构的先进纳米材料的方法，能够为可控合成不同尺寸的石墨烯提供一条有效的途径。这种方法的缺点是当需要合成面积较大的石墨烯时反应步骤多、反应时间长、催化剂的需要量也多。而且对于在二维方向进一步扩张石墨烯片尺寸的需求越来越强烈，同时有机合成出更大尺寸的石墨烯量子点通常会导致溶解度的下降和副反应的发生，因此对于有机化学工作者，大规模合成具有确定的形状、尺寸和边缘结构的石墨烯仍然具有很大的挑战。

（七）碳纳米管转化法

碳纳米管和石墨烯都是碳的同素异形体，有着相同的原子组成，碳纳米管作为一维纳米材料中的代表，比石墨烯发现得早。二者在结构上有着密切的联系，碳纳米管从结构上可以看作由单层的石墨烯纳米带卷曲而成的。不同管径的碳纳米管理论上可以得到不同宽度的石墨烯带。因此，人们开始尝试把碳纳米管剖裂成石墨烯带，从而发展了碳纳米管转化制备石墨烯的方法。从理论上讲，将碳纳米管沿轴向剪开可得到一定宽度的石墨烯带。但碳纳米管由于其结构上的特点和特殊的稳定性，其剪切过程往往需要一些外加的条件或者特殊的装置。

（八）火焰法

碳氢化合物的火焰可以产生高温和大量的碳原子团簇，在适当的工艺条件下可以制备富勒烯、碳纳米管、非晶碳薄膜等碳纳米材料。清华大学的朱（zhu）等将铜箔置于酒精灯内焰中燃烧10～30s，在铜箔表面产生了一层均匀透明的碳纳米薄膜。火焰法制备碳薄膜模拟了化学气相沉积的制备过程，碳氢化合物的火焰可以提供渗碳所需的温度和碳源。但由于在空气中燃烧的火焰有不完全燃烧沉积炭黑的问题，以及氧的扩散对碳薄膜的氧化不能完全避免，最终制得的碳薄膜净化程度和纯净度不高。因此，进一步通过控制火焰法制备过程中的火焰成分、加热温度以及冷却速率，可以十分有效地避免上述影响因素，有望制备出均匀连续的石墨烯薄膜。

（九）化学气相沉积法

化学气相沉积（CVD）法是目前应用最广泛的一种大规模工业化制备半导体薄膜材料的方法，其生产工艺十分完善，也是目前最有希望成为生产大量高质量石墨烯的方法。CVD法合成出石墨烯后，可用化学腐蚀法（对于镍基底，可以用体积比为1:1的盐酸或1mol/L的$FeCl_3$溶液）去除金属基底从而得到独立的石墨烯片，或者用不同的转移技术，如转移印刷技术和卷对卷等技术将石墨烯转移到目标基底上。其典型的制备路线是：将基底（金属薄膜、金属箔片、金属单晶等）置于高温可分解的含碳气氛中，通过高温处理使碳原子沉积在基底表面形成石墨烯，最后去除金属基底后即可得到独立的石墨烯片。通过选择基底类型、生长温度、降温速率、气体流量等条件可以控制石墨烯的生长。采用CVD法获得的石墨烯膜层面积大而且容易控制层厚，改变基底材料的种类可以与现有的半导体制造工艺兼容。到目前为止可以在大尺度范围获得连续石墨烯的金属基底仅有镍和铜及其合金。然而由于石墨烯的生长机理不同，在镍箔表面仅能获得厚度不一且难以控制的多层石墨烯薄膜，而在铜箔表面可以可控地获得几乎为单层的石墨烯薄膜。因此这里着重研究CVD法制备基于铜基底的石墨烯。

1.热CVD技术

（1）镍基生长石墨烯。CVD法合成的石墨烯具有良好的导电性和透光率，可用于新一代太阳能电池。曾有人使用$1 \sim 2cm^2$的多晶Ni膜热CVD技术合成单层到多层石墨烯。首先在SiO_2/Si基底上蒸镀500nm厚的Ni膜，在H_2和Ar混合气下900～1000℃退火20min，退火处理可以产生$5 \sim 20\mu m$的Ni颗粒。$5 \sim 25sccm$[●]CH_4和1500sccm H_2在900～1000℃下保持$5 \sim 10min$。所生长的石墨烯的尺寸由每个Ni颗粒的大小决定。石墨烯可以转移到任一基底上，导电性不受影响。转移到玻璃基底上后，透光率达90%。

（2）铜基上生长石墨烯。同Ni金属上石墨烯生长的过饱和析出机理相比，Cu金属上石墨烯的生长更接近于表面催化过程，包括碳氢化合物的分解和表面扩散，具体如下。

①碳氢化合物在Cu上吸附与脱附。

②碳氢化合物分解生成碳原子。

③碳原子在Cu表面聚集形成多个石墨烯成核中心。

④碳原子扩散到石墨烯成核中心周围并化学键连形成石墨烯膜。

（3）二元合金催化剂生长石墨烯。在二元合金催化剂中，一种元素可以有效地催化分解碳源，并使碳原子重构形成石墨烯；另一种元素与溶入合金体相的碳原子生成稳定的金属碳化物，固定体相中的碳原子，有效抑制碳的析出过程，使石墨烯的生长局限为一个表面过程。当表面覆盖了一层完整的石墨烯后，金属不再继续催化碳源分解，从而实现了比铜箔表面生长更为彻底的自限制单层石墨烯生长。以金属Mo作为偏析抑制元素，与催化元素Ni、Co和Fe分别构成Ni—Mo、Co—Mo和Fe—Mo合金体系；或者以Ni为固定的催化元素，将

● sccm即体积流量，即标准状况下毫升每分钟。

偏析抑制元素换成W、V等金属，构成Ni—W、Ni—V二元合金体系，均能够实现均匀单层石墨烯的生长。

2.等离子体增强CVD（PECVD）技术及无金属催化剂合成方法

无须特殊的表面处理和沉积金属催化剂便可以在多种基底上合成石墨烯，基底包括Si、W、Mo、Zr、Ti、Hf、Nb、Ta、Cr、不锈钢、SiO_2以及Al_2O_3。反应过程中使用5%~100%的CH_4和H_2混合气，总气压为12Pa，基底温度为680℃。生长的石墨烯厚度小于1nm并且垂直于基底表面。这种方法虽然过程简单但是效果极佳，因此引起了科研人员极大的兴趣，很多研究小组开始使用相似的技术合成石墨烯。有的研究者研究了PECVD法的生长机理，他们认为，单原子层厚度的石墨烯的合成是通过控制含碳物种在表面的迁移聚集与氢原子刻蚀之间的反应速率平衡来实现的。由该方法生长的石墨烯片在等离子体电场的导向作用下垂直生长于基底上。

有研究者采用一种改进的PECVD法——微波辅助等离子体增强CVD（MW-PECVD）法在Si基底上合成了石墨烯纳米片多层膜。该方法制备的石墨烯具有高度石墨化的刀锋结构，尖锐的边缘厚度为2~3nm，石墨烯膜垂直于Si基底生长，对于多巴胺具有很好的生物传感功能。该法生长石墨烯的速度很快，比其他方法快约10倍，可以达到1.6μm/min。还有学者用MW-PECVD法在Ni包裹的Si衬底上生长出了厚度为20nm的石墨烯，并研究了微波功率对石墨烯形貌的影响。研究发现，微波功率越大，石墨烯片越小，但密度越大（石墨烯片中含有较多的Ni元素）。

第三节　碳纳米材料的表征

碳纳米材料具有特殊的微观结构，从而造就了材料具有各种优异的物理和化学性能。为了深入认识和发现材料的结构与性能之间的关系，需要对材料的化学组成、内部组织结构、材料的基本特性以及各类原子排列情况等进行分析，我们将此类分析技术和手段称作材料的表征。

一、碳纳米材料的表征分析

（一）碳纳米材料表征的重要性

材料的制备和应用要求对材料的组织、结构、形态、缺陷、成分以及对材料的物理、化学、力学、电学等特性进行分析和评价，这些评价涵盖了材料的元素组成、物相结构、化学价态、微观形貌以及材料的功能化、掺杂和复合情况。碳纳米材料的结构、组成、价态以及形态发生变化后，材料的性能也会随之发生改变，有些情况下甚至会出现很大的反差。为了解释这些现象，很有必要对材料的这些情况进行定性和定量的分析与评价。下面以碳纳米纤维、碳纳米管、介孔碳和石墨烯等常见的碳纳米材料为例来说明对碳纳米材料进行表征的重要性。

1. 碳纳米材料的元素分析与评价

对于本征碳纳米材料而言，主要针对材料中的碳、氧等元素进行定性和定量评价。特定元素掺杂后的碳纳米材料往往会使原有材料的性能得到显著的改良甚至产生一些新的性能，例如氮、硼、硫、磷等掺杂的碳纳米材料、介孔碳和石墨烯等功能化改性材料，对这些功能化改性材料进行必要的元素分析有助于理解材料的各种性能。如碳纳米管可以表现为金属性或半导体性，其电学性能与纳米管的螺旋性、形态、层数、直径及缺陷有关。因此，碳纳米管的电学性能存在很大的不确定性。尽管目前碳纳米管的可控制生长研究已有进展，但制备具有特定电学性能的碳纳米管仍然存在很多困难，而元素掺杂是控制碳纳米管电学性能的一种有效途径方法。人们发现，如果在纯碳纳米管中掺杂其他元素，则可改变碳纳米管的晶体结构和电子结构，从而产生优于纯碳纳米管的物理性质。其他元素掺杂后的碳纳米管往往具有特异的形态，如竹节状、镶嵌状以及盘绕状等，且其化学成分随制备工艺的不同会有所变化。再如，氮掺杂介孔碳等材料所具有的独特力学、电子、储能等性能使其在电子、电池、催化、生物传感器等领域中显示出广阔的前景。随着人们对氮掺杂碳材料的结构、组成及其表面化学性质的逐步了解，人们发现元素掺杂（如硼、硫、磷等）也可显著改善材料的电学性能。可见，掺杂、改性等功能化碳纳米材料在结构和性能上存在一定的特殊性，为进一步阐释这些改性材料的结构与性能之间的"构效"关系，对材料进行元素分析很有必要。

2. 碳纳米材料的结构分析与评价

除元素组成外，材料的组织结构也是决定其性能的一个基本因素，为此，需要对材料的成分、物相结构以及元素存在状态等进行科学分析与评价，帮助人们更好地认识与掌握材料的结构及性能，更加有效地将材料应用在各个领域。例如，石墨烯具有完美的二维晶体结构，是一种由碳原子构成的单层片状结构，是由 sp^2 杂化轨道组成的六角形蜂巢晶格状的平面薄膜，但是这种单层石墨烯薄膜并不是完全平整的，呈现出微观上的不平整，在平面方向上有小角度的弯曲。由于其特殊的结构赋予了石墨烯优异的力学和物理化学性能，而功能化的石墨烯具有一系列晶格缺陷和官能团，这些结构上的改变使得功能化石墨烯又具有一些新的性能，比如为一些反应提供有效的接触面和媒介，将其作为修饰电极或是制备传感器件，都有比较优越的性能。二维平面上大的共轭 π 电子结构又使石墨烯片层之间相互吸引，不仅极易团聚，而且很难均匀分散在溶剂和介质中，即所谓的不亲水也不亲油。上述这些缺点导致石墨烯的应用受到了很大的限制。通过各种方式得到的氧化石墨烯，其结构中含有大量的活性基团（如—COOH、—OH、—C—O—C—、—C=O），这些活性基团的存在，可以很好地提高石墨烯的分散性和稳定性。此外，活性基团的引入还可以促进石墨烯与其他含有活性位点的物质发生化学反应，从而制备各种改性及功能化的石墨烯材料。这些已经成熟的理论和实验方法的认识离不开材料的结构表征和分析。换言之，正是利用了材料的结构、成分以及其他一些表征分析手段，才使人们对材料的结构演变和性能开发有了更为深入的认识。

又如，介孔碳材料由于其有序的长程及介观水平结构、窄的孔径分布和高的比表面积等结构特点，在吸附和分离、环境、电催化、电化学传感器、锂离子电池、超级电容器、光电器件等方面都得到广泛的应用。介孔碳材料的结构对其性能有较为明显的影响，在材料的合成、修饰改性等过程中都需要对材料的详细结构信息进行必要的分析和评价，诸如孔径、孔径分布、孔形态及孔通道特性等方面，从而方便人们对材料进行可控合成与设计应用。此外，在吸附应用领域，需要设计合成具有和目标物大小匹配的有序介孔碳，对材料结构的表征是一项非常重要的步骤。另外，碳纳米管可以看作单层或多层石墨片卷曲而成的无缝中空管状结构。多壁碳纳米管具有层间孔隙，而单壁碳纳米管具有管间孔隙。与单壁碳纳米管相比，多壁碳纳米管的多层结构会使电子更加离域化，电子在层间的运动减少了电荷再复合的概率，使之成为更好的电子受体；与单壁碳纳米管相比，多壁碳纳米管不易聚集，有利于增强分子的溶解性。这些结构上的微弱差别，在性能上会带来很大的反差，为了认识各种碳纳米材料结构与性能之间的关系，阐释材料的应用机制等关键问题，需要对这些本征和功能化碳纳米材料通过各种分析手段进行结构的表征。

3.碳纳米材料的形貌分析与评价

纳米材料重要的微观特征包括整体形貌、晶界及相界面的本质和形貌、晶粒尺寸及其分布、晶体的完整性、晶间缺陷的性质、跨晶粒和跨晶界的组成分布、微晶及晶界中杂质的剖析等。纳米材料的尺度测量包括形貌、粒径、分散状况及物相和晶体结构。例如，对于纳米管和纳米线的测量包括直径、端面结构、长度、纳米薄膜厚度、纳米尺度的多层膜中的单层厚度等。可见，纳米材料的形貌不但是材料的微观特征，也是材料量测的一项基本任务。

对于纳米材料而言，其性能不仅与材料颗粒大小还与材料的形貌有重要关系。如颗粒状纳米材料与纳米线和纳米管状材料的物理化学性能就存在很大的差异。碳纳米材料因其具有较好的生物相容性，被广泛应用于生物分子的固定、电化学生物传感及生命过程机制等的研究。碳纳米材料的形貌跟生物效应之间也有着密切的关系。纳米颗粒的形状可能会影响其在体内的沉积和代谢，即使是同种元素构成的不同物质，如单壁碳纳米管与多壁碳纳米管的生物效应差别也很大。作为材料分析的重要组成部分和重要内容，材料形貌特征决定了其许多重要的物理和化学性质。例如，纳米材料的颗粒尺寸大小对纳米材料有着重要的影响，如何快速准确地测量纳米材料的颗粒尺寸一直是纳米材料研究中最为关心的问题。纳米颗粒具有小尺寸效应、量子尺寸效应、表面效应和宏观量子隧道效应等许多常规材料所不具备的特性。而纳米材料的粒度大小、分布、在介质中的分散性能以及二次粒子的聚集形态等对纳米材料的性能具有重要影响。若将无机纳米粒子均匀分散到石墨烯纳米片表面制成石墨烯基无机纳米复合材料，复合材料不但具有石墨烯和无机纳米粒子的双重功能性质，而且可能会产生一些新颖的协同效应。一些贵金属等功能性金属纳米粒子修饰石墨烯，这不仅可以克服石墨烯层间巨大的范德瓦耳斯力，防止石墨烯片的团聚，使单层石墨烯的独特性质得以保留。同时，得到的复合材料其许多性能比金属本身更为优越，显示出潜在应用价值。为了深入研究这些金属纳米粒子对石墨烯分散性能的影响，以及考察复合材料的各种性能，对复合材料进行形貌表征与分析是不可或缺的一种手段。

总之，通过对本征材料和功能化复合材料的几何形貌、材料的颗粒度、颗粒度的分布以及形貌微区的成分和物相结构等的分析评价，为人们更好地研究材料的结构和性能提供了科学的依据。

（二）碳纳米材料表征的特点

材料的表征与分析主要是指对材料的化学组成、内部组织结构以及各类原子排列的情况等基本特性进行的分析，是材料发挥作用的前提和基础研究任务。碳纳米材料由其特殊的结构特征，造就了其独特的物理、化学、电子学等特性。此外，碳材料形式多样、千姿百态，其变幻多端的形态、丰富多彩的性质和优良独特的功能在材料大家庭中独具魅力。无论是金刚石、石墨等传统碳材料，还是碳纳米管、介孔碳和石墨烯等新型碳纳米材料，人们对其认识、利用和发展都经历了一个漫长的时期。在这个过程中，一直伴随着材料的表征与分析，从早期的简单表征分析手段到目前的集形貌、力学、热学、光学、磁学、电学、化学、生物学等复杂多样化的仪器表征，已成为该领域深入发展的一个重要组成部分。

碳纳米材料表征技术的发展与其蓬勃兴起的应用是分不开的，各种表征分析方法被广泛应用于此类材料的分析。当然，由于碳纳米材料的组成和结构特殊性，从其表征和分析目的而言也有自身的一些特点，已初步形成了一个相对完整的体系。这些特点主要包括了以下几个方面。

1. 表面与界面信息分析的必要性

碳纳米材料的制备和应用中由于自身内在的一些结构和性能缺陷，使其进一步应用受到了很大的限制，为此需要对材料的结构进行一些功能化设计，以丰富材料的表面和界面组成。而对这些微区的表征与分析无论从制备还是应用角度来看，都显得尤其重要。例如，碳纳米材料由于极大的表面能，易发生团聚，其分散性和稳定性相对金属等纳米材料较差，为此需要采用表面的改性和功能化等处理，在提高材料的分散性和稳定性的同时，为材料的进一步复合提供了可能。对无机和有机掺杂、聚合物和生物分子功能化和异质材料复合化等多样性的材料表面和界面进行X射线光电子能谱（XPS）、红外光谱（IR）、固体核磁（NMR）、紫外—可见（UV—VIS）光谱、拉曼光谱、X射线电子衍射（XRD）等的分析表征，以尽可能地获得材料的表面、界面信息，为材料的设计、制备和应用提供帮助。

2. 微区与空间显微分析的细致性

目前，碳纳米材料的表征已从微米尺度深入纳米甚至分子、原子的层次。现在人们可以借助一系列高分辨的电子显微镜直接观察和操纵单个原子，为碳纳米材料的微区分析提供了可能。碳纳米材料许多重要的物理和化学性能与其形貌，特别是微区形貌有着直接的联系。如作为催化剂载体的碳纳米材料，负载的催化剂的颗粒大小、均一程度、分散性和物相结构等直接决定了催化剂的性能。此外，基体材料的管状、孔状还是层状等微区结构也会对材料的整体催化性能产生重要影响，因此需要借助多种手段对其微区空间进行精细的成分与结构表征分析。常见的分析方法包括扫描电子显微镜（SEM）、透射电子显微电镜（TEM）、扫描隧道显微镜（STM）和原子力显微镜（AFM）、低能电子衍射（LEED）、俄歇电子能谱

（AES）等。

3.状态与结构维度分析的多样性

众所周知，从结构角度而言，石墨烯的碳基二维晶体是形成sp^2杂化碳质材料的基本单元。如果石墨烯的晶格中存在五元环，就会使石墨烯片层卷曲，当有12个以上五元环晶格存在时就会形成富勒烯；同样，碳纳米管也可以看作卷成圆筒状的石墨烯。利用模板法制备的、具有规则孔结构的碳也可以看作大量扭曲的石墨烯片层构筑而成的三维结构。而这些材料经过一些有机基团、无机粒子、生物分子和聚合物等功能化后又会形成形形色色的碳基复合材料，对这些材料的结构状态等的分析要依据材料的类型和本身的特殊性加以评判。例如，碳纳米管的结构和状态主要是六边形碳在轴向的取向性，这种取向性最终会使碳纳米管产生不同的性能，在三种取向不同的碳纳米管中，螺旋型的碳纳米管具有手性，而锯齿型和扶手椅型碳纳米管没有手性。另外，大量光电子能谱分析表明，单壁碳纳米管具有较高的化学惰性，其表面要纯净一些，而多壁碳纳米管表面基团的存在使其要活泼得多；二维晶体结构的石墨烯能够稳定存在，其主要原因是石墨烯片的三维褶皱形貌结构，而这一特点也正是石墨烯具有高电子迁移率的因素；有序介孔碳的表征除了要关注其三维结构形貌的特点外，还要对其规则的孔道结构和均一的孔径特点等进行表征分析。

（三）碳纳米材料表征的内容

从研究对象来看，碳纳米材料的表征主要分为本征碳纳米材料和复合碳纳米材料两大类；从研究目的来看，碳纳米材料的表征主要分为元素成分分析、化学和物相结构分析、表面形貌分析、物理化学性能和表/界面分析等的分析。下面就碳纳米材料常见的表征分析内容进行简单的介绍。

1.元素成分分析与评价

材料的元素成分分析主要是指材料中各种元素的组成分析，即检测材料中的元素种类及其相对含量。常见的表征分析方法有原子吸收、原子发射、质谱以及X射线荧光与衍射分析等。原子吸收、原子发射和质谱等表征方法一般需要对样品溶解后再进行测定，因此属于破坏性样品分析方法。而X射线荧光与衍射分析方法可以直接对固体样品进行测定，因此又称为非破坏性元素分析方法。对于碳纳米材料而言，因为材料的主体元素是碳，对其进行元素分析大多是对掺杂及其功能化材料的考察。例如，对于存储器件中常用到的功能化层状碳纳米管材料，为了实现交叉点结构的存储功能，通常往碳纳米管中掺杂一定量的硼和氮，掺杂后材料的电学转换行为与掺杂元素的种类以及用量有关，而制备过程中的元素分析就显得尤为重要；再如将石墨烯氮掺杂后，可得到具有较好光学和电学性能的N型半导体材料，为了进行功能化材料的可控制备，也需要对材料掺杂前后的氮、氧元素进行准确的表征分析。此外，对各种功能化碳纳米材料进行元素分析，也可评价各种官能团修饰的程度和方法的可靠性，例如对于一些生物分子功能化的碳纳米材料，常采用安装在电镜上的电子能谱分析仪（EDX）进行元素的定性和定量分析。对于一些金属和非金属元素功能化的碳纳米材料还可借助X射线光电子能谱，对不同种原子的特征能量进行分析，进而获得元素的组成及其含量，这种表征技术在碳纳米材料的表面修饰中已得到了广泛的应用。

2. 化学和物相结构分析与评价

材料的化学结构和物相结构分析包括定性分析和定量分析两部分，包括材料中化学基团以及化学键的性质（如键的振动转动状态）、材料中分子结构、官能团等信息的分析，一般采用红外光谱、紫外—可见光谱和拉曼光谱对碳纳米材料进行表征分析，从而为材料的功能化设计提供分析依据。例如，利用红外光谱对有机、生物功能基团等修饰的碳纳米材料进行表征，可对功能化基团给出定性的评价；通过拉曼光谱中特征频率的分析，可以提供材料中各种功能基团的结构信息，进而对材料中的无机、有机和聚合物等组分给出定性的评价。由于拉曼光谱的形状、宽度和位置与其测试的物体的层数有关，利用拉曼光谱还可以分析石墨烯的层数，是一种高效率、无破坏的表征石墨烯的有效手段。此外，红外光谱和拉曼光谱还可以对材料的动态物理及化学行为进行研究，为材料的性能分析提供了一定的帮助。

碳纳米材料的物相结构、组织成分、原子排列等对其性能的影响较为重要，常采用的结构分析方法有X射线电子衍射、选区电子衍射（SAED）。X射线之所以能用于物相结构分析是因为可以通过材料各衍射峰的角度位置来确定样品固有特性的晶面间距以及它们的相对强度。每种物质都有特定的晶格类型和晶胞尺寸，而这些又都与衍射角和衍射强度有着对应关系，所以可以像根据指纹来辨识人一样，用衍射图像来鉴别晶体物质，需要将未知物相的衍射花样与已知物相的衍射花样相互参照即可。选区电子衍射可从微观特征（各相的形貌、尺寸及相互关系等）对材料给出全面可靠的评价。例如，介孔碳材料的固态结构可通过有效的X射线晶体衍射的方法（包括小角X射线衍射和大角X射线衍射），其中小角X射线衍射可以确定是否有蠕虫状（Worm-like）孔结构和孔道排列的规则程度，大角X射线衍射可以确定试样是晶态物质还是无定形物质。

3. 表面形貌分析

材料的表面形貌分析是材料分析的重要组成部分，材料的很多重要物理化学性能都与其形貌特征相关。形貌分析的主要内容包括材料的几何形貌、材料的颗粒度分布、形貌微区的成分和物相结构等方面。碳纳米材料常见的形貌表征技术有扫描电子显微镜、透射电子显微电镜、扫描隧道显微镜、原子力显微镜、低能电子衍射、俄歇电子能谱。扫描电镜具有很高的空间分辨能力，特别适合于粉体材料的形貌分析，不仅可以获得样品的表面形貌、颗粒大小、分布，还可以获得特定区域的元素组成及物相结构信息。对于分辨率要求很高的多孔碳材料的表征，如纳米孔（微孔、介孔等）材料，则需要用场发射扫描电子显微镜（FESEM），又称为高倍扫描电镜，它可以实现高分辨率的观察。透射电镜比较适合纳米粉体样品的形貌分析，从材料的晶体缺陷、组织结构等角度对材料的结构完整性等给出科学的评价，结合选区电子衍射（SAED）花样图，可以分析样品的晶体性质以及每个衍射环所对应的衍射晶面。对于含金属组分的功能化碳纳米管、介孔碳以及石墨烯基复合材料，通过TEM技术可以给出材料中功能化粒子的粒径、单分散性和形貌等信息，为复合材料在应用中表现出的各种优良性能提供结构依据；也可在一些制备过程中，对纳米粒子的生长、演化等机理过程的考察提供动态的形貌、结构等信息证据，为材料的可控合成、机理阐释等提供可靠的数据。原子力显微镜可以对纳米薄膜进行形貌分析，分辨率可以达到几十纳米，对于石墨烯而言，其厚度和层数的分析常采用AFM进行。作为最直接、最有力的表征手段，AFM可以清晰、准确地反映出石墨烯的面积、厚度等基本信息。扫描隧道显微镜主要针对一些特殊导电固体样品的形貌分析，可以达到原子量级的分辨率，仅适用于具有导电性的薄膜材料的形貌分析和表面原子结构的分布分析。上述各种形貌表征也可应用于材料制备过程中各个阶段材料表面结构和形貌变化等的动态监测，为优化、筛选材料的制备工艺提供帮助。

4.物理化学性能分析

对于碳纳米材料，除了上述元素分析、结构分析和形貌分析外，人们还很注重对材料的一些物理及化学性能的表征，方便对材料的可控制备、功能化设计及其应用拓展提供可靠的依据。这些物理化学性能表征主要包含光学性能、电学性能、热学性能、磁学性能、光电性质、催化性能等。例如，通过对碳纳米管、介孔碳等的热重分析可以考察材料的热稳定性；对材料的石墨化程度、结晶性、无序缺陷等进行可靠的定性评价；通过对金属功能化介孔碳、石墨烯和碳纳米管等复合材料的充放电等电学性能测试，可以对复合材料的放电容量和循环稳定性等给出准确的判断；借助Zeta电位仪对有机功能化碳纳米材料的表面电位进行分析，进而对材料表面有机功能化基团的含量和材料的分散性能等进行评价；通过探针分子在碳纳米材料修饰电极上的循环伏安行为（CV）和交流阻抗（EIS）等分析，对碳纳米材料的导电性能、电子转移能力以及电极界面结构和动力学等信息进行合理的评判；通过对磁性金属及氧化物修饰碳纳米材料的磁性表征，借助饱和磁化强度参数可以对复合材料中磁性组分的负载量、尺寸和形貌等进行评价；通过对量子点/碳纳米材料复合材料的荧光谱的分析，可以对量子点与基底碳纳米材料的结合位置、复合结构以及复合程度等进行有效的评判；通过氮气吸附—脱附试验，可以计算出介孔材料相应的孔径、比表面积、孔容等信息，进而对材料的骨架缺陷和孔道的规则性等进行评价。

二、碳纳米材料的形貌分析技术

对于碳纳米材料，其性能不仅与材料颗粒的大小，还与材料的形貌有着非常重要的关系，碳纳米材料的诸多物理化学性能是由其形貌特征所决定的，因此，形貌分析是碳纳米材料的重要研究内容。形貌分析主要包含分析材料的几何形貌、材料的颗粒度大小、颗粒的分布以及形貌微区的成分和物相结构等。

（一）扫描电子显微镜（SEM）

SEM作为一种有效的显微结构分析工具，既可用于直接观察试样的表面形貌，又可以对试样表面进行成分分析。SEM可与X射线能谱仪配接，在观察形貌的同时进行阴极荧光光谱分析以及观察不同环境下的相变和形态变化的特点。

SEM基本上是由电子光学系统（即镜筒）、扫描收集系统、信号光处理系统、显示记录系统、电源系统以及真空系统等部分组成。电子枪发射的电子经聚光镜聚焦后形成微细电子束，受扫描系统的控制，在测试样品表面进行逐行扫描，电子束所到之处，每个物点会产生信号（二次电子、背散射电子、X射线、俄歇电子等），其中最主要的二次电子成像信号被探测器接收放大后用于调制像点的亮度，得到反映样品表面形貌的信息。

扫描电子显微镜具有如下特点。

① 分辨率高。基于钨灯丝电子枪的SEM的分辨率为3 ~ 6nm，基于LaB_6的约为3nm，基于场发射冷阴极的SEM的分辨率最好可达到约0.5nm，能观测到样品表面6nm左右的区域，放大倍数大范围可调（从几十倍到20万倍）。

② 景深大，立体感强。当放大倍数为100倍时，景深最大约为1000μm，当放大倍数为1000倍时，景深约为100远高于光学显微镜。因此，SEM特别适用于对粗糙起伏样品的观察和成像。

③ 实现综合分析。SEM除了能再现样品的一般表面形貌外，通过与其他分析仪器联合（如能谱仪、波谱仪），可实现对样品微区表面的化学元素、电、磁性质的同步表征与成像。

此外，SEM的分析测试具有制样简单、导电试样可直接观察、可观察大试样、不会破坏试样表面和分析简单等特点，是进行试样表面形貌分析的有效工具。利于SEM技术可以实现对微观纳米结构的形貌放大，从而可以真实地再现肉眼及光学显微镜不能获得的奇特微观世界。碳纳米管团聚在一起，在肉眼观测下为深色的粉末。然而在SEM观测下，碳纳米管是一种具有特殊结构（径向尺寸为纳米量级，轴向尺寸为微米量级，管子两端基本上都封口）的一维量子材料。

尽管SEM的分辨率不足以准确检测一根碳纳米管束中的碳纳米管特性，如单壁、双壁及多壁碳纳米管的数量。但是通过SEM可以方便地分析样品中存在的与碳纳米管生长相关的无定形碳、金属催化剂等杂质，有利于对碳纳米管生长过程的调控和样品的后续提纯。

通过控制碳纳米管的生长条件，可以获得不同形貌的碳纳米管材料，如碳纳米管阵列、超长碳纳米管束、碳纳米管螺旋结构等。借助于SEM技术可以清晰地获得不同制备工艺对碳纳米管材料形貌的影响。这一方面有助于对单一碳纳米管以及各种形貌的碳纳米管材料生长机理的研究；另一方面可以获得各种碳纳米管材料的微观形貌，从而有利于挖掘该材料的潜在应用。

除了通过直接控制生长工艺来获得不同形貌的碳纳米管材料，也可以通过后续的加工来获得一些高性能的碳纳米管。例如，将高导电性的碳纳米管阵列抽成超顺排薄膜，或者将这种高强度的碳纳米管连成长长的绳，其应用价值将是不可估量的。近年来，科研人员致力于这一工作并成功地纺出了碳纳米管纤维，可以使其在电学、力学、磁学等领域表现出奇特的性能。SEM测试技术基于其高分辨率、大景深、大放大范围等，成为研究该材料的最有力工具。

（二）透射电子显微镜

透射电子显微镜（TEM）是能同时解析材料形貌、晶体结构和组成成分的分析仪器，也是在实验进行中唯一能看到分析物的实像和判断观察晶相的一种技术。常用的透射电子显微镜以20万伏电压为主，其分辨率为0.1～0.3nm，用于分析数十个纳米乃至数个纳米量级的材料。

透射电子显微镜的基本构造可分为四部分。

①电子枪。分为钨丝、LaB_6、场发射式三种（与扫描电子显微镜相似）。三种电子源的亮度比大致为钨丝：LaB_6：场发射枪=1：10：10，故场发射源为最佳的电子源。

②电磁透镜系统。包括聚光镜、物镜、中间镜和投影镜。

③试片室。试片基座可分侧面置入和上方置入两类，若需做原位实验则还需要配备可加热、可冷却、可加电压或电流、可施应力或可变换工作气氛的特殊设计基座。

④影像侦测及记录系统：ZnS/CdS涂布的荧光幕或照相底片。目前仪器大多配备有视觉定位识别（CCD）系统，以取代旧式照相底片，影像可直接由档案输出。

透射电子显微镜的成像原理与光学显微镜相似，但电子束具有比可见光更短的波长。因此与光学显微镜相比，透射电子显微镜有极高的穿透能力及高分辨率。根据电子与物质作用产生的信号来看，透射电子显微镜主要分析的信号为利用穿透电子或是弹性散射电子成像，其电子衍射（DP）图可作精细组织和晶体结构分析。透射电子显微镜的分辨率主要与电子的加速电压和像差有关，加速电压越高，波长越短，分辨率也越佳。

利用TEM可以很直观地获得碳纳米管的直径、管壁层数，甚至是碳纳米管中的缺陷结构。

基于TEM可以研究碳纳米管的一些新结构，如单壁碳纳米管豆荚、分支结构碳纳米管、超长碳纳米管等。单壁碳纳米管豆荚采用一种气相扩散方法将C_{60}分子填充到单壁碳纳米管中，做出了相当"充实"的豆荚形纳米材料，填充率达到了80%以上。在传统的化学气相沉积法制备碳纳米管的过程中引入一个外加磁场，可以制备出分支结构及填充结构的碳纳米管。这一发现有助于增加人们对磁场作用下化学气相沉积法的认识，并且提供了一种简单有效地制备分支结构及填充结构碳纳米管的方法，为纳米电路的研究提供了材料基础。

除了对碳纳米管进行直观的形貌表征外，TEM的另一个优势是通过与其他测试手段联合使用，可以在纳米尺度范围内使用电子衍射、X射线光电子能谱以及能量损失谱等探测手段对碳纳米管进行深入分析。

碳纳米管随着其结构的变化，既可呈金属性，也可呈半导体性。这一结构、性能的可调性使如何在实验上确定、控制碳纳米管的原子结构（或螺旋指数）变成碳纳米管研究的一个基本及中心问题。电子衍射方法最早被应用于确定碳纳米管的螺旋结构特征，并且也迅速用于测定碳纳米管的螺旋指数。

电子能量损失能谱是利用入射电子束在试样中发生非弹性散射，电子损失的能量直接反映了发生散射的机制、试样的化学组成以及厚度等信息，因而能够对薄试样微区的元素组成、化学键及电子结构等进行分析。由于低原子序数元素的非弹性散射概率相当大，因此该技术特别适用于薄试样低原子序数元素（如碳、氮、氧、硼等）的分析。它的特点是：分析的空间分辨率高，仅取决于入射电子束与试样的互作用体积；直接分析入射电子与试样非弹性散射互作用的结果而不是二次过程，探测效率高。

借助于 TEM 除了可以对碳纳米管的形貌、结构进行表征外，TEM 所具有的高能电子束还可以对碳纳米管进行加工，即对碳碳键进行一定程度上的破坏或形成。例如，利用高能电子束可以将重叠的碳纳米管焊接起来。

透射电子显微镜在材料学特别是晶体缺陷研究中做出了巨大的贡献，在碳纳米材料的分析中可提供分辨率更高的图像，为碳纳米复合材料的结构表征和性能研究提供了科学的依据。有的研究者在碳纳米管表面生长少于 10 层的石墨烯，通过不同倍率下的透射电子显微镜可以观察到碳纳米管表面生长的石墨烯，而且可以看到石墨烯的厚度只有 0.38nm。

（三）原子力显微镜

在碳纳米管研究中还有一种不可或缺的显微技术，即原子力显微镜（AFM）。这种技术为研究碳纳米管的结构和性质提供了重要的技术手段。

AFM 以物理学为基础，是一种用来表征包含绝缘材料在内的固体表面的形貌与结构的分析测试仪器。样品表面的高低起伏是通过微细探针原子团和样品原子团间的相互作用力进行检测的。其工作原理为将对微弱力敏感度极强的微悬臂的一端固定，使另一端的微小针尖靠近样品表面，当扫描样品时，由于针尖与样品表面具有一定的相互作用力（吸引力或排斥力），微悬臂探测到相互作用力时将发生形变或运动状态发生改变。利用高精密度传感器检测这些微小变化，从而得到作用力的详细分布信息。反馈系统根据检测结果不断调整针尖（或样品）在垂直方向上的位置，保证在扫描过程中该作用力不变。通过测量高度随扫描位置的变化，最后可以获得具有纳米级分辨率的样品表面的结构信息。

相对于 SEM，AFM 具有许多优点：不同于 SEM 只能提供二维图像，AFM 提供真正的三维表面图；AFM 不需要对样品进行任何特殊处理，如镀铜或碳，这种处理对样品会造成不可逆转的伤害；SEM 需要运行在高真空条件下，AFM 在常压下甚至在液体环境下都可以良好地工作。因此，AFM 可用于研究生物宏观分子，甚至活的生物组织。AFM 与（STM）相比，由于能观测非导电样品，因此具有更为广泛的适用性。当前在科学研究和工业界广泛使用的扫描力显微镜，其基础就是原子力显微镜。

然而，和 SEM 相比，AFM 的缺点在于成像范围太小、速度慢、受探头的影响太大。对于 AFM 测试，要求样品表面平整，因此对于采用 CVD 方法直接生长于 Si 表面的非定向碳纳米管，或者经过溶液处理并分散于 Si 表面的碳纳米管样品，AFM 都可以高质量地完成碳纳米管的成像。尽管 AFM 的分辨率不如 TEM，但是在分析单根碳纳米管的直径、长度等信息方面具有独特的优势。对于分散的大面积碳纳米管样品，使用 AFM 可以方便地给出其长度、直径分布信息。

除了采用 AFM 对碳纳米管进行直接的形貌表征外，利用 AFM 精确的机械与力学控制特性还可以对碳纳米管进行力学性能测试。例如，利用 AFM 测量了多壁碳纳米管的弯曲力，从而可以拟合出碳纳米管的弹性模量；采用 AFM 侧向力模式在单壁碳纳米管管束上进行横向加载，得出了碳纳米管的拉伸强度为 45GPa。

（四）扫描隧道显微镜

扫描隧道显微镜（STM）与扫描电子显微镜、透射电子显微镜和场离子显微镜相比，STM具有结构简单、分辨率高等特点，可在真空、大气或液体环境下，在实时空间内原位动态观察试样表面的原子组态，并可直接用于观察试样表面发生的物理或化学反应的动态过程以及反应中原子的迁移过程等。STM除具有一定的横向分辨率外，还具有极优异的纵向分辨率。STM的横向分辨率达0.1nm，在与试样垂直方向分辨率高达0.01nm。由此可见，STM具有极优异的分辨率，可有效地填补扫描电子显微镜、透射电子显微镜和场离子显微镜的不足。

与AFM类似，扫描隧道显微镜不采用任何光学或电子透镜成像，而是当尖锐金属探针在样品表面扫描时，利用针尖与样品之间的纳米间隙的量子隧道效应引起隧道电流与间隙大小呈指数关系，从而获得原子级样品表面形貌特征的图像。隧道电流对针尖和样品表面间的距离变化是非常敏感的，其对样品表面的微观起伏也特别敏感。

根据针尖与样品间相对运动方式的不同，STM有两种工作模式：一种是恒流模式；另一种是横高模式。恒流模式是针尖在样品表面进行扫描时，在偏压不变的情况下始终保持隧道电流恒定，并通过控制针尖与样品之间间距的几乎恒定来使位置电流不变。恒高模式是始终控制针尖在样品表面某一水平高度上进行扫描，随着样品的高低起伏，隧道电流不断变化。从隧道电流信息可以获得样品表面的原子图像。无论对于哪一种模式，所得到的STM图像不仅勾画出样品表面的几何形貌，而且可以反映样品表面原子的电子结构特征，即STM图像是样品表面原子几何结构和电子结构中和效应的结果。

与SEM、TEM、AFM等显微技术相比，STM具有以下特点。

①STM的结构更为简单，对实验环境要求低：在大气、真空或液体环境中均可以进行测量，且工作温度范围较宽（从绝对零度到上千摄氏度）。

②STM分辨率高，STM的水平和垂直分辨率分别可以达到0.1nm和0.01nm，因此有利于材料表面原子的三维成像。

③在观测材料表面形貌的同时，可以得到材料表面的扫描隧道谱，从而可以研究材料表面的化学结构和电子状态。

STM已在材料、物理、化学、生命等科学领域进行了广泛应用。特别地，该技术在对碳纳米管晶格进行原子级成像的同时，可进行电子态密度的直接测量。这对于研究碳纳米管的缺陷、表面功能化、螺旋度测量以及其他方面的研究都具有重要价值。

STM显微成像技术可以在获得碳纳米管结构信息的同时，提供相关的基本性质信息。然而其存在一定的局限性。例如，生长于石英或Si表面的碳纳米管不能采用STM进行直接表征，因为STM的测试样品必须分散于导电基底表面。

三、碳纳米材料的成分、结构、价键分析技术

（一）碳纳米材料成分分析技术

X射线能谱常作为电子显微镜（扫描电镜、透射电镜）的重要配套分析技术。它作为一种快速无损并可同时对多种元素进行检测的分析方法，不仅可以在微米尺度上获得样品的形貌特征，同时还可以获得微区成分的组成信息。在科学研究和工业生产等领域，尤其在碳纳米材料成分分析中已成为重要的分析手段和工具。

1.X射线能谱基本原理

由于入射电子激发原子内壳层电子产生特征X射线，当X射线入射到Si（Li）探测器时，探测器中的固体电离室中产生与这个X射线能量呈正比的电荷。之后，电荷在场效应管（FET）中聚集，产生一个波峰值比例于电荷量的脉冲电压。用多道脉冲高度分析器来测定波峰值和脉冲数，可得到以X射线能量为横轴、X射线光子数为纵轴的X射线能谱图。根据纵轴的能量数值可以确定元素的种类，而且通过谱图的峰强度分析可以确定其含量。

2.X射线能谱测试过程

X能谱仪主要是用来分析材料表面微区的成分，其特点是分析速度快，作为电子显微镜的辅助工具可在不影响图像分辨率的前提下进行成分分析。定量分析的试样应满足以下要求：在真空和电子束轰击下试样保持稳定；试样分析面平整，一般要求分析面垂直于入射电子束；X射线扩展范围小于试样尺寸；有良好的导电和导热性能；试样为均质且无污染。

由于X射线能谱仪常与电子显微镜联用，当得到X射线能谱图后，X射线能谱仪一般都配备有自动定性分析程序，运行此程序可在谱图上显示出相应的元素符号，但由于能谱的谱峰可能存在重叠干扰现象，自动识别有时并不精确，还需要手动对识别错误的元素进行修改。

3.X射线能谱表征应用

配备X射线能谱仪的电子探针和扫描电镜已广泛地应用于分析领域，对于碳纳米材料，X射线能谱分析方法具有成分分析功能和分辨率高等优点。有研究者研究了Pt纳米功能化的石墨烯对硝基芳香化合物的电化学检测，利用X射线能谱对Pt纳米颗粒是否成功地复合在PyTS/rGO复合材料上进行了表征分析。结果表明，Pt纳米颗粒已成功复合在石墨烯表面，且具有均一的分散性能。同样，在碳纳米管和介孔碳复合材料的成分分析中，也常常用到X射线能谱。还有人研究了金属纳米颗粒与介孔碳（OMC）的复合材料的电化学免疫分析性能，他们利用X射线能谱分别研究了OMC、OMC—Zn、OMC—Cd等三种材料各自的元素分布。OMC材料中出现了C和O的信号峰，OMC的两种复合材料中也出现了Zn和Cd的特征信号峰，并且根据峰高比例，计算出1.0g的OMC中复合18.7mg的Zn纳米颗粒，或复合15.6mg的Cd纳米颗粒，从而实现了定量分析。

（二）碳纳米材料结构分析技术

碳纳米材料的性质不仅取决于材料的分子化学组成，还与材料中原子空间结合的结构形式有密切的关系。因此，通过不同的仪器手段技术，对碳纳米材料的体相结构、表面相结构、原子排列、物相等进行分析，可以确定材料的晶体结构和表面结构等，为深入了解和掌握材料的结构和性能之间的"构效"关系提供基础，也对拓展碳纳米材料电化学及生物传感器的实际应用具有一定的指导意义。

1.X射线衍射法基本原理

X射线衍射（XRD）是一种近年来应用比较广泛的材料微观相结构表征的分析方法，通过对材料中多个原子光波散射后进行重叠、相互干涉后产生强度最大的光束，进而得到衍射图谱，其特征X射线衍射图谱不受其他物质的混聚影响，因此通过分析衍射得到的图谱，便可确定材料的成分、内部原子或分子的结构或形态等信息，这也是X射线衍射物相分析的依据。XRD物相分析包括定性分析和定量分析。XRD不仅可以进行纳米晶体的物相鉴定、晶化分析，还可以通过特定的衍射角和衍射强度对物质的晶体结构和晶体尺度进行分析，从而鉴别晶体的结构。由于每个物质都有特征衍射峰，衍射线的强度和物相的质量呈正比，即衍射峰的强度随着该相含量的增加而增加，因此可以对固体中的物相强度进行定量分析。XRD还可以测定纳米材料的平均晶粒大小，其原理是基于衍射峰的宽度和材料晶粒大小有关，当晶粒小于10nm时，其衍射峰随晶粒尺寸的变小而显著变宽。

2.X射线衍射法测试过程

X射线衍射法使用的仪器是X射线衍射仪，它主要包括X射线发生器（即X衍射管）、X射线测角仪、辐射探测器、测量与记录系统、衍射图库。X衍射发生器主要包括高强度的阳极X射线发生器、电子同步加速辐射、高压脉冲X射线源，现代X射线衍射仪还配有控制操作和运行软件的计算机系统。X射线衍射仪的成像原理与聚集法相同，即底片与样品处于同一圆周上，具有较大发散度的单色X射线照射在样品的较大区域，由于同一圆周上的同弧圆周角相等，使得多晶样品中的等同晶面的衍射线在底片上聚焦成一点或一条线，但记录方式及相应获得的衍射花样不同。衍射仪采用具有一定发散度的入射线，也用"同一圆周上的同弧圆周角相等"的原理聚焦，不同的是其聚焦圆半径随2θ的变化而变化。X射线衍射仪的基本功能是通过测定几千甚至上万条衍射线的方向和强度，确定晶体结构在三维空间的晶胞参数和晶胞中每个原子的三维坐标，从而可以准确地测定样品的分子和晶体结构。当样品经过研磨后，压成平片，放在测角器的底座上。特征X射线照射多晶体样品时，辐射探测器就可以记录衍射信息。计算管始终对准中心，绕中心旋转。样品每转θ，计算管转2θ，计算机记录系统逐渐将各衍射线记录下来。在记录得到的衍射图中，一个坐标表示衍射2θ，另一个坐标表示衍射强度的相对大小。XRD常用的公式为布拉格方程：

$$2d\sin\theta = n\lambda \qquad\qquad (3-1)$$

式中：λ为X射线的波长；θ为衍射角；d为结晶面间距，为整数。

应用已知波长的X射线来测量角，从而计算出晶面间距d，常用于X射线结构分析；另

一方法是应用已知 d 的晶体来测量衍射角 θ，从而计算出特征 X 射线的波长，进而可在已有资料中查出试样中所含的元素。该公式是联系 X 射线的入射方向、衍射方向、波长和点阵常数的关系式，表达了 X 射线在反射方向上产生衍射的条件，即单色射线只能满足布拉格方程的特殊入射角下有衍射，衍射来自晶体表面以下整个受照区域中所有原子的散射贡献。在 XRD 技术中，最基本的分析法有三种：粉末法、劳厄法和转晶法。其中，最为常用的是粉末法，其原因是粉末法所需样品是粉末晶体，容易制备，并且衍射花样可以提供更多的材料的信息。而劳厄法和转晶法用的是单晶体样品，应用很少。X 射线衍射法具有方便、快捷、准确和可以自动进行数据处理等优点，已成为晶体结构分析的主要方法。

3.X 射线衍射法表征应用

X 射线衍射法在碳材料中的应用较为广泛，它不但可以确定测试样品的物相、晶体结构、局部结构、缺陷、键型等，而且可以判断颗粒尺寸大小，尤其在双组分碳纳米复合材料的结构表征中具有非常重要的作用。例如，李（Li）等通过控制氧化石墨烯的还原制备了二氧化锰修饰的石墨烯复合材料，并发现该复合材料在超级电容器具有显著的催化效果。

（三）碳纳米材料价键分析技术

碳纳米材料的性质不但与材料的元素、结构、价态等因素有关，还与材料的价键有重要的关系。由于材料的价键与分子的结构有关，因此，借助仪器手段，通过红外、拉曼等表征技术，对组成材料的内部化学键的振动、转动等状态进行分析，有助于人们研究材料的结构和性能之间的"构效"关系，对于开发新型碳纳米复合材料以及构筑基于此类材料的电化学及其生物传感器具有十分重要的意义。

1.红外光谱表征技术

当样品受到频率连续变化的红外光照射时，样品分子选择性吸收某些频率的辐射，会引起偶极矩的变化，产生分子振动和转动能级从基态到激发态的跃迁，使相应的透射光强度减弱。记录红外线的百分透射比与波数或波长的关系曲线，就得到红外光谱。红外光谱属于分子振动和转动光谱，主要涉及分子的结构信息。红外光谱中吸收带的频率、数目以及强度与分子结构相关，每种官能团的结构一定，因此具有特定的吸收频率，可用来对未知物质的分子结构和化学基团进行鉴定。除了单原子分子以及同核双原子分子外，分子振动时伴随有偶极矩变化的无机物、有机物均可用红外光谱进行研究。

对于功能化和复合碳纳米材料而言，红外光谱可以提供引入的各种组分的一些价键信息，有助于对碳纳米材料的功能化和复合的效果进行合理的评价。

2.电子结构分析——紫外光电子能谱

紫外光电子能谱（UPS）是以紫外线为激发光源的光电子能谱。激发光源的光子能量较低，该光子产生于激发原子或离子的退激阶段，最常用的低能光子源为氦 I 和氦 II。紫外光电子能谱主要用于考察气相原子、分子以及吸附分子的价电子结构。

紫外光电子能谱的入射辐射属于真空紫外能量范围，击出的是原子或分子的价电子，可以在高分辨率水平上探测价电子的能量分布，进行电子结构的研究。对于气态样品，能够测定从分子中各个被占分子轨道上激发电子所需要的能量，提供分子轨道能级高低的直接图像，为分子轨道理论提供坚实的实验基础。

紫外光电子能谱的基本原理是光电效应。它是利用能量为 $16 \sim 41eV$ 的真空紫外光子照射被测样品，测量由此引起的光电子能量分布的一种谱学方法。忽略分子、离子的平动与转动能，紫外光激发的光电子能量满足式（3-2）：

$$hv = E_b + E_k + E_r \qquad\qquad (3-2)$$

式中：E_b 为电子结合能；E_k 为电子动能；E_r 为原子的反冲能量。

紫外光电子能谱分析仪的结构主要包括以下几个主要部分：单色紫外光源（$hv=21.21eV$），电子能量分析器，真空系统，溅射离子枪源或电子源，样品室，信息放大，记录和数据处理系统。

在UPS的能量分辨率下，分子转动能太小，不必考虑；分子振动能可达到数百毫电子伏特（$0.05 \sim 0.5eV$），且分子振动周期约为 $10^{-13}s$，而光致电离过程发生在 $10^{-16}s$ 内，因此分子的（高分辨率）紫外光电子能谱可以显示振动状态的精细结构。由于UPS能提供分子振动的结构特征信息，因而可用于一些化合物的结构定性分析。UPS还可以用于鉴定某些同分异构体、确定取代作用和配位作用的程序和性质、检测简单混合物中各组分等。此外，UPS能够精确测量物质的电离电位，对于气体样品，电离电位近似对应于分子轨道能量。

因为UPS可以进行有关分子轨道和化学键性质的分析工作，如测定分子轨道能级顺序（高低），区分成键轨道、反键轨道与非键轨道等，因而为分析或解释分子结构、经验分子轨道理论等工作提供依据。对于固体样品，UPS具有最小逸出深度，因而特别适用于固体表面的状态分析。其可应用于表面能带结构分析、表面原子排列与原子结构分析及表面化学研究（表面吸附、表面催化）等方面。

单壁碳纳米管具有和石墨烯完全不同的三维结构，其本质是由石墨烯卷曲形成的。单壁碳纳米管的宽价带特征及对光子能量的相对不敏感特征表明碳纳米管的谱峰可以理解为石墨谱峰的集成。这是因为，碳纳米管是由石墨烯片纳米尺度的卷曲而形成的，光子同时从垂直和切线方向入射该材料，且同时被探测到。研究表明，该现象也同时存在于多壁碳纳米管中。此外，也有其他一些因素造成碳纳米管谱峰的扩展。首先，碳纳米管的手性分布杂乱。每根碳纳米管的态密度具有范霍夫奇点，该杂乱性导致这些奇点的随机分布。其次，碳纳米管之间的相互作用会展宽态密度。总之，具有多手性的单壁碳纳米管形成的管束的态密度大致与石墨烯的态密度一致。

四、碳纳米材料的表面分析技术

碳纳米材料的物理和化学性能与其元素成分有着极为密切的关系，要对碳纳米材料的各种性能进行深入研究，首先要对其元素成分进行分析。此外，材料中的微量元素的改变就有可能导致材料性能上的巨大改变，例如，石墨烯中C/O元素的比值变化会带来材料溶解性、导电性等一系列的变化。另外，通过改变元素的含量（如元素掺杂、表面改性等方式）

也为人们提供了一种调控材料性能的途径。因此，对于材料的制备、应用等研究而言，对其进行成分分析具有十分重要的意义。

（一）X射线光电子能谱基本原理

X射线光电子能谱分析（XPS）技术是基于光电原理的一种电子能谱技术。当具有一定能量的入射光子同样品中原子或分子等相互作用时，单个光子把它的全部能量转移给原子或分子中某个轨道上的一个束缚电子，其中一部分能量用来克服结合能（E_B），余下的部分构成了所发射出的光电子的动能（E_k），即

$$E_k = h\nu - E_B - \varphi \tag{3-3}$$

式中：$h\nu$ 为激发光子的能量；φ 为功函数。

由于轨道上电子的能量是量子化的，因此各个轨道上发射光电子的动能是不连续的。可以通过能量分析器，将不同动能（E_k）的光电子分别计数 $N_{(E_k)}$，作 $N_{(E_k)}$—E_k 图，得到分立的谱峰，即为光电子能谱图。对于固体样品，由于光电子在固体内部无碰撞能量损失的平均自由程很短，因此所获得的信息仅仅来自表面，X射线光电子能谱的采样深度一般小于10nm，表面灵敏度高，因此就成为表面分析的有力工具。

（二）光电子能谱测试过程

由于光电子能谱是一种表面技术，样品室处于高真空，具体的测试过程可分为以下几个阶段。

（1）准备阶段。利用仪器自身的预抽泵系统，并将大小合适的样品送入快速进样室。

（2）装样及进样阶段。关闭低真空阀，开启高真空阀，使快速进样室与分析室连通，把样品送到分析室内的样品架上，关闭高真空阀。

（3）仪器硬件调整。调整倾角和样品台位置，设定掠射角，调整真空度后，选择和启动X枪光源并调整至所需功率。

（4）仪器参数设置、数据采集和定性分析的参数设置。根据样品的性质设置扫描的能量范围、步长值、扫描时间等具体参数。

XPS之所以成为材料研究中不可缺少的一种工具，是因为它具有如下一些综合的优点。

①XPS所检测到的绝大部分信号来自材料表面不到10nm的薄层，所以用XPS来研究材料的表面现象相对准确。

②XPS可用来分析元素的化学价态，对于材料的定性分析尤其有用。

③XPS可用于导体，也可用于非导体。

④XPS可分析除H和He之外所有的元素。

⑤XPS是一种无损的分析手段。

（三）电子能谱表征应用

分子中各个原子的内层轨道在成键形成分子轨道时，基本保持了原子轨道的特征，因

此XPS作为常规的元素定性分析非常有效，谱图简单，指纹特征很强。但是对于体相的检出极限较差（＞0.1%），在碳纳米管材料的表征中，XPS通常用来指认经过不同化学处理的碳纳米管表面上所带有的官能团，也就是进行化合态及化学结构的鉴定。尤其最常用的是碳的1s的结合能，在不同官能团取代的环境下，会出现明显的结合能位移。

对于碳纳米材料的定性分析，首先可以做全谱扫描，检出全部或大部分元素。具体过程为：首先，鉴别出总是存在的元素的谱线，尤其是C和O的谱线；其次，可以鉴别出样品中主要元素的强谱线和有关的次强谱线；最后，鉴别剩余的弱谱线。

第四章　金属聚合物复合材料的制备与性能

第一节　微纳米金属聚合物概述

一、微纳米金属聚合物的基本特性

微纳米金属粒子具有很好的导电、催化、抗磁、防腐蚀、防辐射、耐磨、隐形和抗干扰等功能，但是微纳米金属粒子通常都具有很高的表面能，易于团聚，导致其性能减弱或消失。微纳米金属聚合物是不同于非金属填料，也不同于普通微纳米金属粉的一种全新的金属聚合物填料，它具有自分散功能，可以直接分散到高分子材料中，不需要进行二次分散，不像其他的纳米粉，应用前必须采用特有方法进行表面前处理。微纳米金属聚合物材料是将微纳米金属粒子与聚合物进行杂化包覆形成的金属/聚合物纳米复合材料，可以有效避免纳米金属粒子的团聚，并且能大大提高聚合物材料的性能，拓宽其应用范围，因此，金属/聚合物纳米复合材料的制备和应用引起众多科技人员的广泛关注，形成一个新的研究领域。

随着电子技术迅速发展和电子设备的广泛应用，尤其是电子通信设施的日益普及，人类今天已进入了电子时代，与此同时电磁污染已经成为影响人类生活的一个重要污染源，如果没有合适的抗干扰设备，电磁辐射将明显影响敏感电子元件的性能和稳定性，因而开发廉价、高效抗电磁污染材料是必然需求。金属/聚合物纳米复合材料是开发抗干扰材料的重要选择。

添加了微纳米金属聚合物的聚合物材料，除了具备添加了无机填料聚合物材料的优点外，还具备一系列独特的性能（如导电、导磁、催化等）。另外，添加微纳米金属聚合物和添加普通非金属填料得到的聚合物材料的不同在于：填料—聚合物界面处相互作用的性质及机理是有根本区别的。

一般填料聚合物通常采用粗粉料，机械地和聚合物混合，并且填料在聚合物中分布不均匀，会形成聚结。

本书叙述的制备方法的本质是：填料不是以金属粉原始状态加入高分子材料中，而是在聚合物介质中先制成超微金属粉胶体。

在金属粉制备过程中，金属粉表面形成活化中心的瞬间，金属粉与在介质中形成的聚合物大分子发生化学吸附作用，形成双相聚集的稳定状态，使超细金属粉在聚合物中呈现最佳均匀分布，这种体系被称为金属聚合物。

微纳米粒子尤其是纳米粒子，由于其表面活性高，表面能大，单个粒子存在时处于不稳定状态，易于失稳形成团聚状态而失去其原有的活性，使原有的量子尺寸效应丧失。微纳米粒子的这个问题必须解决，否则研究和制备金属微纳米粉体将失去实际意义。

二、微纳米金属聚合物在国民经济和国防领域的应用

微纳米金属聚合物是一种特种功能材料，它为开发金属聚合物材料提供了可能，在国民经济及军事国防领域具有广阔的应用前景。

微纳米铅和微纳米锡复合可以显著提高防辐射性能，这会为我国原子反应堆的防辐射起到极大的作用，为人类自身防辐射提供了一种可能。利用钛纳米聚合物开发的涂层用于防结垢已获得广泛的工业应用，解决了换热器的结垢问题。纳米羰基铁可以应用于隐形涂层的制备，纳米金可以用于制备妊娠试剂，纳米铁可以用于制备人体补血剂，纳米铋软膏可以用于治疗妇科疾病。总之微纳米金属聚合物具有许多人们意想不到的功能，有待研究人员进一步开发。

由上述可见，微纳米金属聚合物在国民经济和国防建设方面都具有巨大的应用前景。

第二节　微纳米金属聚合物的制备方法

一、混合物基金属聚合物的制备

（一）概述

改进聚合物材料的物理化学性能有两种途径：一种是寻找新的聚合方法合成新的聚合物；另一种是把已有的工业化生产的聚合物进行合金化，这种方法已给社会生产出许多性能优于纯聚合物的新型材料。

研究混合聚合物性能对不同聚合物各自性能的充分利用具有十分重要的意义。工业上对特定性能材料的需求，引导人们多方努力采用混合聚合物以求将单组分的性能加和起来，这必然进一步推进聚合物结构与其力学和物理化学性能间相互关系研究的发展，因此，必须详细研究混合聚合物性能和以其为基的金属聚合物材料的生产方法，才能为解决实际问题自觉选择混合组分提供理论依据。

研究互溶聚合物性能发现，聚合物掺混橡胶可以改善其强度，提高抗热老化、耐油和耐寒性能。提高聚合物抗冲击强度和改善聚合物工艺性能的最佳方法就是掺混橡胶。当然也可以采用塑料和树脂对橡胶进行补强，橡胶掺混树脂可提高耐磨性、黏结性及其他性能。加入树脂的根本作用是使混合聚合物具有高度结晶性，例如，向乙丙橡胶里掺混少量结晶性聚丙烯，其弹性模量和硫化硬度都明显提高，其原因就是结晶相起的强化作用。

不同树脂的混合材料及合金化的材料都已获得广泛应用，例如，以环氧树脂、酚醛树脂、热固性酚醛树脂为基的合金化材料具有非常好的力学性能、介电性能和耐腐蚀性能。若想配制两种及两种以上聚合物混合物，聚合物间必须具备互溶性，聚合物互溶性决定了合金化材料的实用性。

聚合物互溶可以分为理想（热力学）互溶和实用互溶，热力学互溶聚合物混合物能形成真溶液，液体聚合物比较容易达到宏观互溶。但是黏度大的液体聚合物进行混合达到互溶是很缓慢的，实际上这种互溶是一个不断进行的过程，也叫作实用互溶。最终达到的互溶状态取决于体系条件和组分配比。若任何组分配比的混合物都能达到稳定的互溶状态，就称为绝对互溶。现实中，环氧树脂、酚醛树脂、液体丁腈橡胶、聚硫橡胶、聚酰胺、聚乙酸乙烯酯、天然橡胶等之间的互溶过程进行得都很缓慢，即使两个液体的混合，互溶过程也是很缓慢的。例如，在室温下液态的环氧树脂E-44和液态丁腈橡胶混合，必须进行强力搅拌甚至有时还需要加热，才能达到实用互溶。

许多热力学上不互溶的聚合物具有相同的玻璃化温度，并且它们的混合物的玻璃化温度介于两个聚合物玻璃化温度之间。这样，恰当地选择组分配比、选择共同溶剂或先将固体粉混合后再熔融混炼都能制成实用的互溶混合物。

研究以互溶聚合物为基的金属聚合物材料制造过程主要研究两个问题：一是研究原始聚合物组分的互溶性；二是研究在聚合物介质中聚合物官能团和胶体金属粒子表面在胶体粒子生成瞬间的相互作用。

（二）各类互溶混合物基金属聚合物的制备

1.胶体铅和互溶混合物基金属聚合物的制备

以两个互溶混合物（聚乙酸乙烯酯—环氧树脂、聚乙酸乙烯酯—聚硫橡胶）为基，采用电解法制备微纳米铅金属聚合物来制造铅金属聚合物材料。现将铅金属聚合物材料制造期间各组分之间的相互作用阐述如下：采用的分析方法有差热分析法和X射线结构分析法。差热分析曲线的温度区间为20~400℃，升温速度为10℃/min。与聚乙酸乙烯酯差热分析曲线不同的是，聚乙酸乙烯酯差热分析曲线上具有的250℃最大放热峰和320℃吸热峰都消失了；纯环氧树脂的主放热温度从370℃降为320℃，证明混合物组分发生了相互作用，生成了具有新的物化性能的物质。并且金属聚合物的差热分析曲线上，放热温度随聚乙酸乙烯酯浓度变化而变化。

在聚乙酸乙烯酯的差热分析曲线上，300~310℃出现一个吸热峰，250℃放热峰代表聚乙酸乙烯酯产生交联，并析出乙酸；320℃吸热峰代表聚乙酸乙烯酯分解。在环氧树脂的差热分析曲线上出现的强烈放热效应，是环氧基团发生同分异构化，生成的羰基、环氧基热聚合及部分环氧树脂热氧化分解所致。

在混合物差热分析曲线上，聚乙酸乙烯酯本身的热效应全都消失，320℃和350℃出现新的放热峰，并且放热峰温度随聚乙酸乙烯酯浓度变化不呈单调变化，证明混合物中的组分间发生了相互作用，生成了具有新的物化性能的物质。

聚硫橡胶—环氧树脂E-51不同配比混合物具有相同的结果，该混合物组分的性能没有加和性；差热分析曲线特征是出现强烈的放热峰，峰值温度随聚硫橡胶含量不同而不同，但没有对应关系；含10%聚硫橡胶混合物的热稳定性最高（340℃）；随橡胶含量增加放热温度降低（300℃），温度再低差热分析曲线上就看不到任何热效应了。

聚乙酸乙烯酯—聚硫橡胶混合物直到350℃组分的性能都具有加和性，305～320℃吸热效应表征聚合物发生了分解。

聚乙酸乙烯酯—环氧树脂的混合物及以其为基的铅金属聚合物材料的差热分析曲线显示，225℃放热表明混合物和胶体铅粒子表面发生了相互作用，而且在200～280℃温度区间混合物和胶体铅粒子间一直发生相互作用（240℃最强烈）；295～300℃的吸热反应是金属聚合物的分解。

环氧树脂—聚硫橡胶基铅金属聚合物材料（含20%Pb）的差热分析曲线显示，110～112℃吸热效应是残留溶剂的蒸发；150～190℃放热过程说明聚硫橡胶和胶体铅粒子一直进行反应，且随聚硫橡胶浓度提高，整个反应过程向低温方向移动；若加热到150℃，X射线分析时发现存在PbS。可见，胶体铅表面产生化学吸附是在比较低的温度下就开始了，含10%聚硫橡胶的胶体从295℃开始反应，含40%、75%聚硫橡胶的胶体从240℃开始反应就证明了这一点。与此同时，聚硫橡胶含量从10%提高到75%，材料的耐热温度从380℃降为280℃，这正是铅金属聚合物材料的吸热分解温度。

以聚乙酸乙烯酯和环氧树脂混合物为基的金属聚合物材料的玻璃化温度和流变温度，与混合物中的聚乙酸乙烯酯含量有关，这类金属聚合物材料的力学性能和混合物组分的关系都具有极值特征，并且金属聚合物材料最佳的力学性能就出现在混合物组分互溶区内。

所以，混合物组分互溶性对以该混合物为基的金属聚合物材料的生成过程具有决定性作用。互溶性的客观存在和互溶机理在应用中都具有很大意义。

2.聚铝硅氧烷—环氧树脂互溶混合物基金属聚合物的制备

以环氧树脂E-51—聚铝硅氧烷的混合物为基添加电解法制得的胶体铅制成金属聚合物材料，通过研究加热过程中材料的热效应和热失重来了解金属聚合物材料的生成机理。

在铅金属聚合物材料升温曲线上，相应的环氧环的开环温度、环氧树脂和聚铝硅氧烷官能团发生作用的温度、它们的混合物和铅粒子表面发生相互作用的温度都比纯树脂混合物的高。

对于环氧树脂：聚铝硅氧烷=7：3混合物，随着铅含量提高到15%，放热峰温度从185℃升到260℃，再提高铅含量放热峰温度反而下降到210℃，这是由金属填料增加使金属聚合物材料导热性提高所致。

不同配比混合物都含20%Pb的金属聚合物材料的热失重都比纯树脂的小得多。

例如，在350℃组分比为1：1的金属聚合物材料失重不超过6%～7%，换算成原始混合物是20%。添加了胶体铅后，聚合物混合物大分子构成完整的立体结构，限制了填料热迁移，金属聚合物材料热稳定性获得大大改善。同时，铅金属聚合物还能延缓有机聚合物和有机硅聚合物的热降解。

金属聚合物软化温度和混合物组成比的关系具有极值特征，当混合物组分比为1∶1时，软化温度最低。随着混合物中环氧树脂含量提高，软化温度从362℃降到230℃；相反，随着乙基聚铝硅氧烷含量提高，软化温度从230℃升到400℃。

软化温度、差热分析曲线上的放热峰温度与混合物组分比及铅含量的关系表征了多相体系组分间相互作用以及混合物与填料表面间的相互作用。

向环氧树脂里添加胶体铅在170～190℃就能使环氧树脂的环氧基开环而发生固化。聚合物混合物中添加超细金属后，高极性聚合物——环氧树脂优先在金属粒子表面上产生化学吸附，同时，混合物中的乙基聚铝硅氧烷和环氧基也会发生反应生成支化聚合物或部分交联成共聚物，导致金属聚合物材料软化温度随环氧树脂含量提高而下降，随有机硅组分含量提高而提高，甚至高于分解温度。

与纯聚合物混合物比较，金属聚合物材料第一放热峰温度提高是由于聚合物官能团和铅粒子表面化学吸附作用限制了大分子的迁移。这样不仅使环氧树脂的环氧基和乙基聚铝硅氧烷的羟基之间发生反应的温度提高；而且在聚合物组分比固定条件下，随着铅含量提高至15%～18%，吸热峰温度也相应提高。

向有限互溶聚合物混合物里添加金属聚合物填料，其性能随组分改变具有极值特征。因为添加胶体铅金属聚合物具有双重作用，一方面它促进环氧树脂的环氧基开环，使环氧树脂的环氧基和乙基聚铝硅氧烷的官能团间反应更容易进行；另一方面金属粒子表面吸附了混合组分的官能团，阻碍了混合物和金属粒子表面的进一步反应。

研究已证明，如果混合物组分间具有互溶性，那么混合物性能与组分间具有极值特征。添加金属填料不会改变金属聚合物材料的力学性能与组分关系的基本特征。相反，当混合物组分间存在的是范德瓦耳斯型作用时，它的性能与组分关系没有极值特征，添加金属填料对其性能会有不同的影响。若是组分间存在氢键的互溶体系，它的热力学性能与组分间具有极值特征，添加金属填料后这种特征向线性关系转变。所以，要想制备具有特定物理力学和热力学性能的填充材料，必须采用组分间存在特有相互作用的聚合物混合物。

二、单组分聚合物基金属聚合物的制备

（一）环氧树脂基铅金属聚合物的制备

采用双层电解槽电解法制备铅（Pb）金属聚合物，电解液是甲酸铅水溶液，有机层是环氧树脂E-51的甲苯溶液，阴极沉积出环氧树脂基铅溶胶。比如电流密度对铅金属聚合物中Pb含量的影响，当电流密度为1A/dm²时，开始析出胶体铅，并能迁移到有机层中；随电流密度进一步提高，Pb含量也增加；在电流密度达到14～15A/dm²时，Pb含量达到最大（33%）；再提高阴极电流密度，金属聚合物中Pb含量不再增加；在高电流密度下电解制得的胶体铅大部分被氧化而沉在电解槽底部。

电解液浓度从2g/L提高到5g/L，金属聚合物中Pb含量不变；当电解液浓度为7g/L时，

金属聚合物中Pb含量达到最大（35.7%）；电解液浓度再提高，金属聚合物中Pb含量急剧下降，这时大部分Pb在阴极表面形成致密的沉积层，Pb粒子呈粗树枝状，表明环氧树脂没有把铅粒子包覆稳定住。

环氧树脂含量为5%～6%时，铅金属聚合物含量最高；同时金属聚合物中铅含量达到62%，再提高有机层中环氧树脂含量。金属聚合物中Pb含量急剧降低，仅为5%～6%。

当环氧树脂含量为2.5%时，电解析出的Pb就开始迁移到上层有机层中生成有机溶胶，这时表面活性剂的官能团（羟基和环氧基）浓度足以把全部Pb粒子表面包覆，形成亲液表层，使其可以转移到有机层中。

（二）环氧树脂基微纳米钯金属聚合物的制备

环氧树脂基钯（Pd）金属聚合物采用双层电解槽电解法制备，该电解槽装备旋转阴极，为钯胶体粒子表面化学吸附环氧树脂大分子创造了有利条件。下层电解液为含0.1mol/L HCl的氯化钯水溶液，上层有机层为环氧树脂的甲苯溶液。

随着电解液浓度提高生成超细Pd粒子的电流效率提高，并且金属聚合物中Pd含量也提高；当电解液浓度达到21.6g/L时，金属聚合物中Pd含量最大；进一步提高电解液浓度，阴极表面沉积出的却是粗大Pd粒子，超细钯生成效率下降，相应金属聚合物中Pd含量也下降。如果保持电解液组成和有机层组成不变，那么随阴极电流密度增大，超细钯生成效率提高，当阴极电流密度为10A/dm^{2}时达到最大，随之，由于H$^+$放电而减小。金属聚合物中Pd含量和阴极电流密度具有相同的特征。

在电解液浓度和阴极电流密度相同的条件下，有机层环氧树脂含量对金属聚合物和Pd阴极电流效率的影响如下：当环氧树脂含量为4.5%～5.5%时，阴极电流效率最大，在环氧树脂含量为2.5%～5.5%范围内，阴极沉积的Pd粒子具有很好的亲液性，向有机层里迁移得非常好；进一步提高环氧树脂含量引起阴极表面产生强烈钝化，Pd沉积电流效率显著下降；从环氧树脂含量10%～12%开始，阴极表面吸附饱和，曲线逐渐贴近横轴；金属聚合物中随着环氧树脂含量从3%升到10%，Pd含量急剧下降到3%。

（三）乙基聚铝硅氧烷基微纳米镉金属聚合物的制备

有机硅基金属聚合物具有很高的热稳定性，在耐热油漆涂层和高温催化方面有广阔应用。

由于乙基聚铝硅氧烷含有羟基，可采用电解法制备微纳米镉（d）金属聚合物。电解液选用CdCl$_2$水溶液，有机层选用含乙基聚铝硅氧烷的甲苯溶液，当CdCl$_2$浓度为20g/L时，阴极沉积效率最高，达到70%，此时镉沉积物呈分散的细小树枝状；电解液浓度再提高，阴极沉积物则变成粗大的粒子。有机层中乙基聚铝硅氧烷含量对镉粒子的细度和沉积效率都有影响，当乙基聚铝硅氧烷含量低至0.5%～2%时，制得的镉粒子最细，其沉积效率也最高。乙基聚铝硅氧烷含量高时，由于它的分子量大且含有官能团，在阴极表面就会吸附，对阴极过程产生阻碍，使阴极沉积效率下降，金属粒子变大，阴极电流密度急剧下降。

改变聚合物含量对胶体镉细度和形态均有影响。在含0.5%聚铝硅氧烷时，镉粒子呈细枝状，有轻度聚结倾向，当聚合物含量为1%时，沉积出的镉粒子变粗，呈针状，进一步提高聚合物含量，这种倾向更严重。

电解温度不能高，一般为15～20℃，温度高，金属阴极沉积效率降低，沉积物质量也变差。

阴极电流密度对阴极沉积效率及质量也有影响，电流密度在9～31A/dm^{2}范围内，开始阴极金属沉积效率增大，随后急剧下降；电解的最佳电流密度是20A/dm^2，再提高电流密度，不仅电流效率降低，而且镉沉积物粒子也变粗。

凡是有助于极限电流密度降低的因素都能促进阴极沉积物质量的提高，为此向有机层中加入油酸。在单一乙基聚铝硅氧烷的甲苯溶液中，阴极电流密度波动范围为9～31A/dm^2，当添加0.03%油酸后，电流密度波动范围降为2～13A/dm^2，最佳电流密度降为6A/dm^2，可见两种表面活性剂同时起的作用最佳。

已经知道，阴极极化值对电解时阴极沉积物结构有重要影响，电解过程阴极极化值很高，就为生成大量新晶核创造了有利条件，这样就可以生成超细沉积物。有机层里加入油酸使阴极极化值升到1.8V，阴极才开始有镉析出；阴极极化值高达2V时，阴极沉积物是细枝晶组织。阴极极化达到3V时，阴极沉积物则是超细的高分散的树枝状镉粒子。

可以分析阴极表面镉粒子析出瞬间胶体镉粒子和聚合物的相互作用。在聚合物红外光谱图中，在波数为1130～1000cm^{-1}时出现一个强峰，代表Si—O—Si和Si—O—Al键的共价振动，1260cm^{-1}强度较弱的峰代表Si—C$_2$H$_2$键的共价振动，更弱的880～840cm^{-1}代表Si—OH键变形振动，3600～3200cm^{-1}宽峰代表Si—OH键的共价振动。

镉粒子表面化学吸附乙基聚铝硅氧烷是靠聚合物的羟基实现的，表现为880～840cm^{-1}处电子对（偶极子）振动峰向高频方向移动，移到910～860cm^{-1}，证明金属和聚合物确实发生了相互作用。在有机层里加油酸制得的金属聚合物也具有相同的特征。已经知道，乙基聚铝硅氧烷经过200℃/2h处理，致使Si原子相连的乙烯基断键形成Si—O键，就失去了溶解性。这时，如果存在胶体镉，聚合物经200℃加热产生的游离基就会通过氧化膜的搭接作用和金属原子产生化学吸附作用。Si—O—Cd键处于Si—O—Si和Si—O—Al键共价振动的强波峰区，采用红外光谱无法发现它。

在金属聚合物差热分析曲线上200℃出现了放热峰，而乙基聚铝硅氧烷差热分析曲线上却没有，也间接证明乙基聚铝硅氧烷和镉粒子表面间产生了化学吸附。

第三节　微纳米金属聚合物材料的物理化学性能

向高分子化合物里添加活性填料可以从根本上改善其力学性能。超细金属粉作为活性填料应用具有重大意义。合成树脂（环氧树脂、聚酰胺树脂）添加超细金属粉（例如Pb、

Cu、Fe、Ti）后，强度将获得显著改善，例如，压缩强度高达700kgf[●]/cm²，拉伸强度超过700kgf/cm²，洛氏硬度为93，人们把这种材料称为塑钢。

环氧树脂里加入较小量的超细铁粉，就使环氧树脂强度有明显提高，随填料量加大，硬度达到最大值，压缩强度、弯曲强度、比冲击韧性也是如此。

酚醛树脂中添加铁粉后其力学性能也同样提高。向结晶型聚酰胺树脂里添加少量金属粉（<5%）其强度就提高了，添加太多的填料反而对强度没有作用；向结晶度为50%～75%的聚乙烯里添加少量铁粉对强度没有作用，只有添加60%以上填料才表现出补强作用，同时铁粉对聚乙烯的补强作用还与铁粉粒子的形状有关，树枝状铁粉比光滑圆球形铁粉的补强作用高很多。采用金属粉作为活性填料来提高聚合物的强度和热稳定性。聚合物里添加金属粉填料不仅使聚合物力学性能获得改善，同时使填料聚合物的热力学性能得到改善。例如，热塑性酚醛树脂里添加10%铁粉其固化速度就明显加快，添加大量填料具有流动性的树脂就变成胶泥了，这时固化物变得非常坚硬，耐热性也非常好。说明铁粉和热塑性酚醛树脂在固化过程中发生了相互作用。聚苯乙烯添加低于30%的铁粉，它的玻璃化温度和流变温度都降低，只有填料添加足够多，才能维持玻璃化温度不变，而其流变温度稍有提高。但是，金属填料对结晶聚合物转变温度的影响各研究者意见不一，对于结晶聚合物，只有聚合物和填料表面间产生化学吸附作用，不产生游离相，才能导致熔点发生变化；具有定向有序结构的聚合物添加金属填料才能使热稳定性提高。

一、胶体铅对聚苯乙烯和聚乙酸乙烯酯氧化热分解的影响

提高聚合物材料的热稳定性是聚合物化学研究最有实用意义的课题之一。使用中的聚合物材料和空气中的氧发生作用而产生老化，研究聚合物材料的热氧化分解过程对最佳的加工工艺的选择（如压注、热压、挤塑、压延等）和制成品的使用都有密切关系，聚合物添加金属聚合物填料对材料热稳定性有重要影响。

在此注意，工业粉状聚苯乙烯软化温度为92～138℃。纯聚苯乙烯氧化分解温度为280～285℃，添加4.51%（质量分数）Pb金属聚合物后，初始软化温度向高温方向移动，软化温度范围为96～145℃，氧化分解温度范围为302～305℃；提高Pb金属聚合物含量到8.12%（质量分数），软化温度介于103～114℃，氧化分解温度介于317～320℃；Pb含量15.14%（质量分数）的金属聚合物的软化温度介于123～172℃，氧化分解温度介于337～340℃。而且，Pb含量提高，氧化分解温度区间增大，Pb含量38.82%（质量分数）的金属聚合物的氧化分解温度介于340～346℃。

聚合物对Pb热稳定性也有影响，纯Pb升温曲线上的四个放热效应代表Pb的分段氧化：226℃生成PbO，385℃生成Pb_2O_3，434℃生成Pb_2O_3。在聚苯乙烯里的Pb金属聚合物粒子表面（最大粒径0.68nm）由于吸附了聚苯乙烯，阻碍Pb被氧化，直到280℃也没有发生氧化。

[●] 1kgf=9.8N。

从上述分析看出，聚苯乙烯软化温度和氧化分解温度与添加的超细Pb金属聚合物浓度存在一定关系，在Pb浓度较低时，软化温度和氧化分解温度都有很大提高；聚苯乙烯里每克超细Pb粉使氧化分解温度提高的平均值，随着聚苯乙烯里Pb浓度提高急剧下降。

当聚合物大分子和填料表面没有牢固的吸附键，也就是说所用填料是粗粉，在聚合物里分布也不均匀的情况下，添加填料会使聚合物软化温度降低。聚苯乙烯—胶体Pb金属聚合物体系则不同，当聚苯乙烯里加入胶体Pb之后，超细Pb粒子表面和聚苯乙烯大分子发生强烈的相互作用。在聚苯乙烯中，胶体Pb粒子生成瞬间产生的大量活化中心和聚苯乙烯大分子之间的相互作用，致使聚苯乙烯以胶体Pb粒子为结点形成牢固的网状结构，迫使聚苯乙烯大分子难以迁移，因此其软化温度和氧化分解温度都大大提高。在此提出，胶体金属都能有效破坏聚合物氧化过程中产生的过氧化物，这点对提高聚合物抗氧化性有利。

铅金属聚合物对聚乙酸乙烯酯也有相似的作用，聚乙酸乙烯酯的软化温度是28℃，随着铅金属聚合物添加量增加，软化温度逐渐提高，含铅金属聚合物35%时软化温度升到62℃，添加铅金属聚合物到80.2%已无软化现象。在175～230℃聚乙酸乙烯酯发生交联反应，放热，乙酸基断开，聚乙酸乙烯酯在胶体铅表面上产生化学吸附，由于胶体铅有利于乙酸基断开，胶体铅含量高时放热更明显。在较低温度这个过程也能发生，纯的聚乙酸乙烯酯氧化分解温度是280℃，发生吸热效应，随着铅金属聚合物含量增加，它的氧化分解温度高达350℃。

聚乙酸乙烯酯的氧化分解温度和软化温度都和添加的铅金属聚合物量有关，已证明软化温度和氧化分解温度与铅含量呈正比。金属胶体粒子表面和聚合物大分子个别链彼此发生强烈的相互作用，阻碍聚合物链的迁移，致使聚合物氧化分解温度有较大提高。

可以得出结论，聚合物里添加少量的胶体金属就能使聚合物热稳定性有明显改善，由于金属粒子位于金属粒子表面和聚合物相互作用生成的网状组织的结点上，因此聚合物结构得以显著增强。

二、金属聚合物材料的热力学性能

在绝大多数情况下，把金属聚合物材料加工成成品都要经过加热过程，因此要求材料具有易形变性和易成型性，显然，温度对聚合物材料的影响具有重大实用价值。随温度改变，聚合物材料的所有力学性能（变形性、可逆与不可逆能力、多次加工能力等）都会发生改变。高分子材料的热稳定性是高分子材料的重要性能指标之一。采用电解法和热分解法制备的铅、镉金属聚合物作为填料。随聚合物材料中金属聚合物含量增加所有热力学性能曲线都沿着X轴向着高温方向移动，对应相对变形50%的软化温度T_{50}急剧增高。添加11%Pb时，T_{50}提高12℃，软化温度提高17℃。进一步提高铅含量，软化温度成比例升高，含有53.1% Pb时，软化温度高达155℃，T_{50}升至168℃。

对比纯聚苯乙烯和聚苯乙烯基金属聚合物材料的热力学曲线可以看出，随金属聚合物材料里金属含量增加，所有曲线都向高温方向移动，即使添加少量金属聚合物也能使金属聚

合物材料的 T_{50} 和软化温度陡升，添加 2.5% Pb 使 T_{50} 提高 12℃，软化温度提高 30℃。当达到 70% Pb 时，T_{50} 达到 165℃，软化温度达到 162℃。聚苯乙烯热力学性能改善完全是添加金属聚合物的结果，金属聚合物添加量越高，材料的性能越好。

材料的热力学曲线特征随着软化温度和玻璃化温度提高而发生明显变化。纯聚苯乙烯热力学曲线没有高弹性形变的平台特征，而金属聚合物材料热力学曲线却具有水平段，并且随金属含量增加而加宽。金属聚合物材料总变形量下降的同时，软化温度和 T_{50} 都成比例提高。

与纯聚苯乙烯相比，金属聚合物材料热力学性能的改善，以及随金属聚合物添加量的提高其热力学性能进一步改善，都证明是金属—聚合物之间发生了化学吸附反应的结果，即使在流变温度条件下，该化学吸附键也是很牢固的。

金属聚合物材料和原始聚合物热力学性能的区别不单是转变温度，在不同载荷下形变增大或减小的速度彼此也不相同。

形变倾斜速度随载荷加大急剧发生改变，但热力学曲线温度位移不大，软化温度和 T_{50} 都处在 35～45℃。

纯的聚乙酸乙烯酯的软化温度是 44℃，随着金属聚合物含量增加，软化温度逐渐提高，含 17.5% Pb 达到 60～70℃，含 35.2% Pb 升到 68～75℃。

纯的聚乙酸乙烯酯 410℃的相对形变率为 45.8%，而含 80.2% Pb 金属聚合物材料热力学性能曲线在该温度却没有见到明显的流变区，这种明显的增强作用不仅仅证明聚乙酸乙烯酯大分子和胶体铅表面间发生了化学吸附作用，还证明整个体系产生了强烈的结构化。

金属聚合物材料的形变率随着金属聚合物含量的增加而急剧下降，其原因一是填料的补强作用，二是聚乙酸乙烯酯固有的结构化反应，析出乙酸，最终交联形成不溶体系，并且该反应随铅含量增加而得到增强。随聚合物相对分子质量降低，不论是纯聚合物还是金属聚合物材料软化点都下降。金属聚合物材料的热力学性能都比纯聚合物的好，金属聚合物材料形变率随金属含量提高而降低，但随聚合物相对分子质量增大会得到一定的补强。

三、微纳米金属溶胶分散相的催化、助燃和抗爆性能

1.催化性能

金属是许多有机化合物加氢和还原所广泛采用的重要的催化剂之一。已经知道，在一定的条件下金属比表面积可达到一定的极限，作为催化剂，增大比表面积可提高其催化活性。金属存在最佳的第一或第二细度，第一最佳细度是指用 X 射线分析确定的金属粉，其粒径介于 100～1000nm，称为超微金属粉；第二最佳细度是指利用电子显微镜和其他更高级方法才能测定的金属粉，其粒径小于 100nm，称为纳米金属粉，不管是第一最佳细度还是第二最佳细度的金属粉都具有非常大的催化活性。

从金属溶胶来看，其比表面积可达到相当于第二最佳细度的比表面积，它可成为液相

中不同化学反应的有效催化剂。例如，在许多情况下，胶体铂的催化加氢速度比铂黑的催化加氢速度大30～40倍。

在研究胶体金属催化过程时，必须考虑，由于胶体金属颗粒布朗运动强烈，它与反应物和反应产物都接触，其催化过程具有各自的特点，即同时存在均相催化和多相催化的过程。

均匀分散在水中的金属水溶胶分散相（Al、Pd、Ti、Rh等）的催化活性都很高。

作催化剂用的金属水溶胶制备方法已开发了许多。

在含有白朊水解物的茜素磺酸钠等的碱性介质中，Pt、Pd金属化合物还原法制备的水溶胶获得广泛应用。用该法制备的水溶胶通过隔膜分离、低温蒸发和干燥箱干燥，制得的干粉含50%～80%胶体金属。

除此之外，还可以采用其他高分子材料，例如在阿拉伯橡胶、明胶和其混合物中进行金属化合物还原。还原剂主要采用水合肼或氢气。

至今，想要广泛采用金属水溶胶作为液相加氢和还原的催化剂还存在一些困难，主要原因如下。

①这种体系对污染非常敏感，这就要求金属水溶胶分散相浓度要很高。因此，作催化剂的金属溶胶一般都在有保护性高分子化合物存在下进行制备，选择这些高分子化合物时必须考虑它们不应该使指定催化反应中毒。

②多金属（Zn、Fe、Cu、Mn等）分散相在水介质中极易被氧化。

③反应物料和金属胶体催化颗粒间接触较困难，因为许多有机化合物在水介质中溶解度很低，这样就必须进行连续、强烈的搅拌。

④溶胶分散介质中反应产物溶解度很低，这就阻碍了反应产物从胶体金属颗粒表面离开，使其表面很快产生污染，大大降低了其催化活性。

若采用金属有机溶胶作催化剂，上述这些困难就必须解决，这种情况下许多物料和反应产物在有机介质中溶解性才能很好。

例如，细度达到胶体状态的镍催化剂，已在脂肪、油和一系列其他不饱和脂肪酸的液相加氢中获得成功应用。这时镍超细粉——在油或其他有机液体中分散的镍有机溶胶——是采用镍羟基盐或者专门生产的超细镍盐（主要是甲酸盐、碳酸盐等）的悬浮体进行热分解而制得的。对油中甲酸镍分解的动力学研究表明，在190℃以下随着氢气流强度提高以及盐分解反应的进行，在油—镍有机溶胶中生成的镍超细粉的催化活性很高。

要注意，甲酸镍热分解生成镍的反应，如果分解反应是在液相水中进行的，那么它是高效催化剂；若是在气相的氨气中热分解，那么生成的超细镍粉的催化性能非常低。

许多不饱和有机化合物液相加氢成功地采用了骨架镍催化剂。它是采用Ni—Al合金在NaOH溶液中溶解的方法制得的。

胶体细度的超细镍粉的制备与合金组分、NaOH浓度和温度、洗涤制度都有关系。这种镍是非常有效的催化剂。因为它易燃，必须在低温密封容器中用无水乙醇保存。

近年来，具有非常高活性的镍催化剂是用含硅的镍合金生产的。

人们研究了用苯中Mo有机溶胶作为发动机燃料脱硫的催化剂。

石油及其制品含有一系列硫化物，在液体燃料中是不允许的。即使少量的含硫化合物对发动机燃料的使用性能也有有害作用：引起零件腐蚀、成焦和积炭，降低燃料辛烷值和四乙基铅的敏感性，降低发动机效率，增大发动机磨损等。这种有害含硫化合物主要有乙硫醇、硫化物、二硫化物、三硫化物、硫环戊二烯等。

硫化物的作用特别敏感。把硫含量从百分之几降为千分之几，就使辛烷值提高2.5个百分点，而四乙基铅敏感性提高4个百分点。

石油工业采用各种方法对燃料进行脱硫和精馏，但是大多数方法的效果不好。未脱净的硫化物残留在燃料中，将降低燃料性能。现在液体燃料脱硫最广泛采用的方法是高温高压下气相催化加氢。

试验研究了含少量硫的发动机燃料的脱硫效果，因为少量硫的去除是最难的。催化剂选含3% Mo有机溶胶的苯溶液，以及从这种溶胶析出的超细铝粉。试验方法如下：用一个带有7个球冷凝器的磨口烧瓶，加入80～100mL燃料和催化剂，烧瓶放在70～90℃的水浴上加热，试验时间4h，测量加氢前后燃料中硫的含量。

研究的燃料有：工业苯（沸程80～90℃）；褐煤原油沸程至200℃的汽油和非乙基化汽油的混合物；非乙基化汽油和化学纯二乙基硫酸酯混合物；其他组成的非乙基化汽油。

可见，利用Mo有机溶胶的活性进行加氢脱硫是很有前景的，因为对苯和汽油均取得了很好的效果。Mo有机溶胶是常温常压条件下液体燃料脱硫的有效催化剂。

有机胶体Fe也可以作为液体燃料脱硫的催化剂。铁粉制备工艺简单，原料（铁屑和盐酸）非常便宜，这种催化剂非常有前途。

其他金属有机溶胶，尤其是合金有机胶体的催化性能现在几乎没有研究。对于这些体系进行研究，不仅在理论上，而且在许多有机物液相还原或加氢催化剂的应用上都是非常有意义的。尤其是这些催化剂现在（如电解法）工厂规模生产已很容易。

必须注意：电解法制备的金属胶体颗粒都是在高极化条件下生成的，通常电解时都伴有氢气析出。这种情况非常有利于提高所制超细金属粉的催化性能。现在已经知道，超细镍粉和铁粉的催化活性大多取决于其中的含氢量。

现在，超细金属粉（Fe等）也开始广泛作为不同氧化过程的催化剂，尤其是作为火箭发动机燃料燃烧的催化剂。

大多数火箭发动机燃料是双组分液体体系——乙醇、煤油或汽油，它们采用的氧化剂有液体氧或HNO_3。因为火箭发动机工作时间短，非常重要的是在小容积内燃料能快速燃烧，这些燃料燃烧的催化剂选择是火箭技术的首要任务。最有效的催化剂是铁。铁以超细状态分布在液体燃料中，可大大加快氧化速度。

在航空燃气轮机中加快燃料燃烧的催化剂选择问题特别迫切。在这里，燃烧过程要求在最小的空间和最轻设备条件下放出最大热量。因此航空燃气轮机所用的燃料密度是它最重要的性能指标之一。

现在力求向这种燃料中加入芳烃或高沸点石油馏分。但是这导致燃料组成变化造成积炭严重，积炭量随液体燃料中C和H之比提高及液体燃料沸点的提高而提高。因此降低大密度燃料燃烧时的积炭是航空燃气轮机的重要问题之一。

在液体燃料中有效催化剂微纳米金属分散相（Fe、Mn、W等）含量提高，大大有利于降低积炭。

2. 助燃性能

要特别注意，使用的胶体金属分散相应该生成易挥发的金属氧化物。例如，铼（Re）很容易生成易挥发的氧化物Re_2O_7，高于200℃就能升华。它是烃燃烧的活性催化剂（助燃剂），加入量不用很大。

在液体燃料中（煤油或汽油）加入的超细金属粉，当H_2O_2作为氧化剂时，对于H_2O_2分解过程还有催化作用，因此采用超细金属粉是非常合理的。例如，在金属催化剂存在下，H_2O_2分解原理已用于英国火箭发动机，这里燃料采用的是煤油或汽油。超细金属粉除了对液体燃料燃烧具有催化作用外，它的加入还能急剧提高发热量，但是大量地向燃料中加入超细金属粉是毫无意义的，应该确定合适的比例。对液体火箭发动机的氧化剂和燃料的物理和化学性质进行了研究，得出结论：最好的元素是H、Li、Be和B。此外还有Mg、Ca、Al和Si。一般来说，上述金属应该是先经雾化，然后制成在烃中的高分散悬浮液。如果这种悬浮液是稳定的，那么它可以直接作为火箭发动机燃料使用。

上述金属中只有超细Mg、Ca、Al和Si粉最有应用价值。也有在烃介质中添加Al和Mg有机溶胶作为火箭发动机燃料的。采用不同烃介质中浓的铁溶胶作为火箭发动机的燃料是非常合适和有前景的，但是必须充分考虑燃烧产物的影响，含金属溶胶的不同烃介质及金属溶胶燃烧后生成的许多稳定物质会严重阻碍金属有机溶胶分散相的燃烧。通常仅分散介质燃烧，超细金属粉未参加燃烧过程而以溶胶形式残留下来。

制备方法是选择许多金属溶胶能否作为有效燃料的关键。超细金属一般叫作引燃物，就是在常温空气中具有自燃能力或者在非常低的温度下也能燃烧的物质，它可能是固态，也可能是液态（固态或液态的超细金属在常温空气中能自燃或在非常低的温度下也能燃烧，故叫作自燃品）。

金属的自燃性能不仅取决于其细度，还取决于该金属正常晶格结构稳定性被破坏的程度。从这点来看，羰基或其他有机金属化合物液相热分解法制备的许多金属溶胶分散相以及用双层电解槽电解法制备的金属溶胶都具有强烈的自燃性。例如，四乙基铅热分解法制得的铅胶体分散相以及铁和镍的羰基化合物热分解制得的铁和镍溶胶都具有自燃性。

用电解法制备的Fe和Ni的溶胶分散相，以及用电浮选法制备的W、Mo和Zr溶胶分散相都有很强的自燃性。

但是必须注意，在所有上述情况下，超细金属粉即金属溶胶分散相，只有将表面活性物质洗掉和在低温真空中脱除表面上的有机包覆物后才出现自燃性。

有自燃性的金属说明它们具有强烈的反应能力，尤其是它们能强烈地吸收CO，并伴有强烈放热反应和生成相应的羰基化合物。例如，在自燃的W和Mo中通入CO后会生成羰基化合物。该反应当自燃金属和其他气体接触时也会发生。

超细金属粉自燃性和催化性能间的关系有必要进一步研究。因为许多自燃性超细金属粉反应能力强，可作为许多有机金属化合物合成的高效原料而具有重要的理论和实际意义。

3.抗爆性能

向燃料中添加不同物质以求改善燃料的辛烷值非常有实际意义。由于内燃发动机随燃料辛烷值（抗爆值）提高会使动力急剧下降，燃料消耗比增加，还可能引起发动机损坏。辛烷值主要取决于燃烧室里燃料—空气混合物燃烧时过氧化物的积聚。这种过氧化物的生成过程特别有利于提高燃料—空气混合物的燃烧温度。

一系列研究指出，少量的二乙基过氧化物或乙基过氧化物都有很强烈的易爆性，过氧化物浓度高时不仅具有易爆性，而且会引起爆燃。人们研究了大量能和过氧化物反应的物质，以求找到合适的抗爆剂。很明显，消除或抑制在燃料中生成过氧化物的物质应该能阻止爆燃。

许多种抗爆剂中四乙基铅是最有效的。四乙基铅抗爆作用机理至今还不太清楚，但是一些人认为，金属有机化合物抗爆作用不是取决于其分子而是取决于化合物分子热分解所形成的具有微纳米细度的金属颗粒。可推测：这些金属作用原理是微纳米金属颗粒表面使燃料—空气混合物中燃烧分子链反应受阻，终止链反应。

光学显微镜研究证实，在加四乙基铅的发动机燃烧室存在原子态铅。

可见原子态金属和金属有机抗爆剂热分解生成的超细微纳米金属颗粒在破坏过氧化物方面起着巨大的活化作用。金属有机抗爆剂对低温燃料氧化过程没有影响。这明显说明，在这一反应中没有游离态金属颗粒生成。当高于金属有机化合物分解温度时，产生的胶体金属颗粒优先和在燃料里残留的过氧化物反应，从而影响碳氢化合物氧化动力学的总过程。

据此对一系列金属的抗爆性进行了研究。例如铊（Tl）的抗爆性能研究证明：如果采用特制的气门把气态的Tl通入燃烧室，那么它比Pb还有效。人们还研究了其他金属气体抗爆剂。对于胶态金属作为抗爆剂也进行了一系列研究。推荐采用Cu、W、Cr、Hg、Ag和Fe有机溶胶作为抗爆剂，此外，还推荐采用Al、Sn、Mg和Sb的有机溶胶来控制燃烧过程。

有人把Ag、Hg、Pb、Cu、Bi、Sn、Sb和其他金属的磺酸盐分散到矿物油中，而后在200℃下通氢气，使它们完全还原形成微纳米金属，把这种方法制备的金属溶胶作为抗爆剂。

新制备的微纳米Fe、Pb和Ni的抗爆性能已达到四乙基铅、五羰基铁和四羰基镍的水平。根据这些试验认为，金属有机抗爆剂产生抗爆作用是因为这些化合物热分解形成的微纳米金属。

上述微纳米金属是采用相应金属羰基或乙基化合物，以橡胶作稳定剂经热分解而获得的。铁有机溶胶是最活泼的抗爆剂，但是它储存时不稳定，它的抗爆性能会急速变坏。

研究了用少量橡胶作为稳定剂，采用电解法制得的Fe和Pb溶胶的抗爆性能。结果表明，Pb和Fe溶胶能降低爆燃性，但比相同条件下金属有机化合物的程度低。

对电解法和其他方法制备的一系列金属胶体的抗爆性能的对比研究表明：加微纳米金属溶胶抗爆剂的内燃发动机工作时爆燃强度明显减轻，微纳米Fe溶胶对降低爆燃作用最大。

Fe、Mn、Pb、Be和Ca溶胶抗爆性能的定量试验表明，Fe溶胶对提高汽油辛烷值有重要作用，可使其提高4~5个单位，而有机Pb、Ca、Mn和Be溶胶作用不大。

除金属性质外，金属溶胶的细度、分散介质性质和稳定剂性质显然对金属溶胶的抗爆性能也有重要影响。至今金属溶胶作为抗爆剂还未获得广泛应用，主要是因为它们在发动机中不稳定和没有找到从发动机燃烧室中把金属排除的方法。这样长期使用加金属溶胶的汽油，会导致其在燃烧室壁和活塞底部形成积聚。

金属溶胶作为抗爆剂要想获得实际应用还需要做很多的研究。

尽管许多燃料辛烷值已足够高，但是采用金属溶胶作为抗爆剂还是很有前途的。

四、胶体金属分散相的耐磨性

许多金属和合金的耐磨性主要取决于这些金属和合金初始接触时摩擦接触点产生的许多超细颗粒在润滑油中形成的不稳定悬浮体。随着接触点间隙内悬浮液的进入，接触金属表面的磨耗和摩擦系数急剧下降。

根据这一事实得出结论，在不同摩擦间隙中的润滑剂，含有胶体金属添加剂时，就会大大提高摩擦副的耐磨性。摩擦面的耐磨性主要取决于表面和摩擦间隙内的油层物的状态。在不加胶体金属的润滑油条件下，摩擦面仅形成吸附的溶剂化层，这时润滑油层有两层溶剂化层，其中间为自由润滑油。

润滑油中加胶体金属使摩擦面间隙润滑油层结构发生了变化。加入金属胶体使每个胶体金属颗粒表面都形成溶剂化层，在摩擦面间隙中润滑油几乎全部处于溶剂化状态。

因此，摩擦面间隙中含胶体金属的润滑油取代了润滑油的双溶剂化层而出现大量溶剂化层，这非常有利于降低摩擦系数和降低金属摩擦损失。

润滑油中加入的金属（主要是铁）胶体的生产方法是双层电解槽电解法。把电解法制得的胶体铁或其他金属加入不同润滑油中得到的润滑剂叫作金属胶体润滑剂。对不同摩擦副的耐磨性进行了测量，使用的设备为专用的圆盘机，用于测量摩擦力矩、摩擦温度、摩擦时转数。

在金属陶瓷—球墨铸铁构成的摩擦副中，金属陶瓷磨耗最小。进一步研究这对摩擦副的磨耗和滑动速度、摩擦方法和比压强的关系，试验条件是开车20h停1h。试验证明：当采用含胶体铁的润滑油时金属陶瓷—球墨铸铁摩擦副的磨耗也减小了。

研究润滑油中加胶体铁对螺杆和螺杆轮周（无轨电车后部螺杆减速器的主件）耐磨性的影响发现，这种添加剂非常有效，尤其是Bi有机胶体，都能降低上述部件的磨耗。

对机器制造业（无轨电车、有轨电车等）中广泛采用的带电滑动接触件耐磨性的研究也获得相似结果。有轨直达电动列车试验证明，加入胶体铁的润滑油用于金属陶瓷摩擦副的润滑，可使其耐磨性提高2～3倍。

五、金属和合金胶体分散相的磁学性能

铁磁性金属及其合金超细粉主要应用于电工器械，无线电技术及其他工业部门，用于

制造高频技术和无线电仪器所需的永久磁铁和不同扼流线圈的铁心。

这些铁心应具有高磁导率和较大的欧姆电阻，因此，它们通常是用不同配比的金属粉和绝缘材料混合物配制而成。在铁心中金属单个粒子具有很高的磁导率，其涡流在彼此绝缘的金属粒子中被遏制。

绝缘材料一般采用虫胶或不同的高分子化合物。但是在铁心中绝缘材料含量不应超过9%~10%，超过这一含量铁心的总磁导率就大大下降。

生产磁绝缘材料主要采用成基化法生产的铁粉。因为这种方法生产的铁粉形状接近球形，在其上形成的绝缘层与绝缘材料相比仅占很少部分，这也是铁粉粒子形成具有一定磁通角和磁通量所必需的。普通电解法生产的铁粉证明的形状为树枝状，且其表面存在微裂纹和微孔，因此在其表面上形成均匀的绝缘膜非常困难。

在这种情况下需要提高绝缘材料含量达到40%（体积分数）才能形成全部包覆，但是这使得铁心磁导率急剧下降，这是电解铁粉不能用来生产铁心的主要原因。

为了制造上述铁心，用电解法生产的超细铁粉有机溶胶分散相是非常有价值的。尽管这种粉粒子的显微结构有非常发达的分枝，但所有非常发达的内表面均覆盖并牢固地吸附着表面活性物质，这是在双层电解槽电解时阴极析出瞬间就形成的。采用有机胶体铁粉作为铁心生产用的超细粉，吸附层厚度非常薄但附着得很牢固，且铁粉内外表面都均匀地覆盖上了表面活性物质，可作为绝缘膜。

用胶体铁生产铁心时加入的电介质材料很少，但仍然具有很高的磁导率和非常大的欧姆电阻。

采用这种超细铁粉作为铁磁材料（体），还要加0.5%~3.0%镍。加入镍粉的方法：把相应量的蝶基镍混入蝶基铁中同时进行热分解。为了生产磁绝缘体不仅利用纯铁，还利用其合金，也非常有效。铁—镍合金（78%镍，21.5%铁）也属于铁磁材料，应用非常广的还有含Mo的合金如81%镍+17%铁+2%钼。它的磁导率和欧姆电阻比纯铁—镍合金大得多。但是这种合金粉碎或超细粉碎非常困难，要加入特种添加剂以提高其脆性。因为存在上述困难，采用电解法生产铁—镍合金有机溶胶有着重大意义。如果考虑到随铁粉材料细度提高，铁心磁导率会急剧增大，那么采用超细粉作为铁心材料既合理又合算。

现在研究者对于使微波极化面旋转所用的铁磁材料给予了特殊的关注，因为根据这一现象可以解决许多现代技术问题。这一效应属于磁性电介质的基础研究。如果铁磁体中分布的金属粒子尺寸低至几十微米，在这种磁性电介质中，经常会产生粒子凝聚，彼此间经常会产生接触，这就导致涡流大量损失。如果采用经表面活性物质稳定的金属胶体作绝缘体就没有这个明显不足。在绝缘体中的每个胶体粒子都是一个简单磁畴，它们相当于存在许多自发磁化区。

根据这一说法，研究了用电解法制备的金属胶体制作磁性电介质使微波极化面偏移的行为。

对金属粒子大小为几百埃的人造铁电介质的总磁导率进行的计算证明，在很宽频率区间磁导率与频率无明显关系，直到厘米波，磁导率大于1。如果存在最大值，其所处位置也取决于粒子大小和波长。

以此为基础可以分析人造铁电介质的结构，研究波长为 $89\mu m$、$16\mu m$、$32\mu m$ 的磁场强度极化平面偏转角和粒子细度的关系发现，在无外磁场条件下人造铁电介质存在一个最大极化平面偏转。偏转角度取决于胶体粒子细度。大小为几百埃的铁粒子在波长为 8mm 条件下极化自发偏转角在 1g 铁电介质中达 60°。并且观察到极化平面偏转和外磁场关系不大，这证明内磁场引发的自发偏转的效应几乎达到饱和。对于大小为几十微米的铁粉未发现极化面自发偏转现象。还表明极化面偏转与铁电介质中铁磁场物质浓度呈正比，还和电磁辐射频率有关。

以超细铁磁金属和合金粒子吸收铁磁共振波为基础，提出制备频率可控的弱反射加载元件原理，吸收频带半波宽 ΔH，因为消磁和其他因素的损耗，以及结构色散，其半波宽 ΔH 值很大。这一效应与胶体细度有紧密关系。

把超细的铁磁金属和合金胶体充填到聚苯乙烯、聚甲基丙烯酸甲酯、橡胶和其他介电材料中制成的人造磁介电质，可用来制造消光元件，在一定条件下，吸收曲线半波宽可能是反常的大。

必须指出，用铁磁金属胶体制备的磁介质也可以用于制造功率因数调整所用的元件或设备。

由 Fe、Si 和 Al 组成的磁介质获得广泛应用。这种合金具有很高的磁导率和很高的欧姆电阻，但它很脆，机械粉碎也很容易。

超细的金属或其合金粉用于制造永久磁铁成本是非常高的，因为采用铸造法生产永久磁铁很困难，主要是因为熔融的合金黏度大，随后还必须进行研磨才能使磁性元件达到要求的尺寸。因此大规模生产永久磁铁，尤其是小尺寸的，早已使用相应的粉末了。这种磁体的磁性能与铸造的几乎没有区别。

大规模生产的磁体成分：第一种 66%Fe、22%Ni、12%Al；第二种 58%Fe、28%Ni、14%Al；第三种除含 Fe、Ni、Al 外，还含 9%～12%Co。

用不同粒度（0.01～0.1μm）的超细铁粉，以及用含铁 70% 和含钴 30% 的超细粉生产永久磁体取得非常大的成功。利用这种超细铁合金粉制得的永久磁体的矫顽力接近 1000Oe。

还推荐用 Bi 和 Mn 的金属间化合物粉作为制备永久磁体的材料，Bi 粉和 Mn 粉质量比为 83.35：16.65，在惰性气体保护下于 700℃ 转炉中进行烧结。

利用甲酸铁在低温度中还原生产的细度为 0.01～0.1μm 的胶体铁粉广泛用于生产永久磁体，其密度达 4～5g/cm²。该磁体的矫顽力可达 1000Oe[①]，不同仪器中使用它都不产生任何干扰电流。用超细铁粉所做的零件按其磁学性能来看不次于用高价专门磁钢做的磁体，且密度减轻至 1/2～1/3，贵重的原材料消耗减少，生产也大大简化。这些零件可满足高频电流工作和磁导率需精密控制的要求。但是在制取超细铁粉和使用它时会遇到危险性问题，因为这些粉都是易燃的。

[①] Oe 为高斯单位制磁场强度单位，$1Oe=10^{-4}T$（特）。

超细粉的磁学性能很大程度上取决于粒子的形状和结构，尤其是晶格各向异性程度。

已知长型粒子或者粒子存在很大的各向异性应力时，晶格的磁性的各向异性就很大，这些粒子通常内能也很大。

若想使金属粉便于永久磁体制备成型，必须使金属粒子具有较高内能和较大的磁饱和矫顽力及较高的居里温度。

一系列提高超细铁粉做的磁元件的矫顽力的方法均未成功，因为采用热分解法制备的这种铁粉基本上均呈现球形。在这方面应该对电解法制备的铁有机溶胶给予特别的关注。正像我们已讲述过的，电解获得的铁粉的每个粒子都有非常明显的分支结构。

在不同有机介质中超细铁粉和其他铁磁金属和合金粉的有机溶胶作为探伤磁粉已获得广泛应用。

作为探伤磁粉的悬浮液与待检物品接触后在检查期间应该是稳定的，铁磁粉不能自行沉淀而形成很厚一层。为此必须选择最佳的磁粉浓度，浓度太高磁粉会在待检物品表面上沉积太厚，浓度太低检测时间特别长。

磁粉探伤仪所采用磁粉的细度和稳定性是由不同烃介质中铁及其他铁磁金属和合金有机溶胶所决定的。

待检物品的性质和表面状态并不重要，但待测表面必须能被分散介质浸润，因此有机胶体铁及其铁磁合金中稳定剂——高分子化合物含量要尽可能低，并不能妨碍铁磁粒子与待检面接触。

待测物的表面应该用无水丙酮和航空汽油重复清洗使之具有疏水性，这样处理的表面几乎完全消除了水的吸附层，凡是和大气接触的任何金属表面通常都有水膜，因大气中总含水蒸气。在该情况下，待检表面和所有大的或微裂纹上的吸附水均被丙酮分子置换。处理表面具有强烈的疏水性会大大有助于有机溶胶分散介质的润湿和胶体铁磁粒子向大的或微裂纹深处渗透并在此聚集。

六、耐蚀超细金属粉性能

粉末冶金主要任务之一就是降低各种金属粉的腐蚀。用含油酸或凡士林的苯溶液处理的金属粉的耐蚀性提高。采用上述溶液作为金属粉压制和烧结时的活性润滑油，可使粉体粒子塑性变形容易，且填充更密实，粒子间接触面增大。加入活性润滑油后进行粉末烧结，产品的物理和化学性能均大大改善。

使金属粉粒子吸附一层表面活性剂，形成疏水表面，可防止存放时金属粉（如铜粉）受到湿气的作用，可长期可靠地防止金属粉被腐蚀。还必须选择一种保护方法保护金属粉在所有生产过程中不被氧化。

采用双层电解槽生产超细金属粉具有决定性意义。该法制备金属有机溶胶和超细金属粉的基本原理和电解槽类型均已进行了放大生产。

采用该法制备的金属粉要先和电解液水层分开，然后进行真空干燥。该法比现有的其他电解法制金属粉具有以下优点。

①在阴极上金属粒子生成瞬间，立刻就使其表面具有疏水性，这样大大减轻了金属粉被氧化。

②结晶中心连续不断地离开金属离子放电区和不溶于水的表面活性物质吸附到旋转阴极表面上，大大提高了阴极极化，这对提高析出金属粉细度非常有利。

③改变旋转阴极转速也可能在某种程度上改变金属粉细度。

七、金属胶体对胶浆结构性能的影响

在研究超细金属粉（铁、铋等）在不同有机介质中的稳定性时发现了一个非常有意义的事实：向这些体系中加入少量的橡胶可使它们的稳定性提高几百倍。正如前述，这些金属粒子相对橡胶不完全呈惰性，若是加入胶浆，金属粉就和强烈歧化的橡胶大分子相互作用，生成相应的吸附化合物，这个过程很可能沿正、反两个方向进行。

一方面单个的橡胶大分子同时以不同的结构单元（链节）和某些金属胶体粒子相互作用，发生这种作用的单个丝状橡胶大分子的长度比金属胶体粒子平均粒径大许多倍。因此，在胶浆中加入金属胶体后，就出现一系列不同形状和长度的凝聚体，这种凝聚体含有若干个和橡胶单个大分子相连接的金属胶体粒子。

另一方面在含金属胶体的胶浆中，同时但不怎么强烈地进行第二个过程：单个金属胶体粒子同时和彼此相连接的不同大分子的结构单元相互作用。

这样，由于存在金属胶体粒子，胶浆就具有了结构力学性质。胶浆中这种复杂过程的结果是产生网状结构，其中单个金属胶体颗粒处于结点处，把不同大分子结构单元连接起来，即每个金属胶体颗粒成为不同大分子结构单元连接的结点。

必须指出，加入非常少量的超细金属粉（$0.05\% \sim 0.1\%$Fe）就会引起胶浆性质发生急剧变化。

上述事实说明，实际应用中采用超细粉的合理性——把超细金属溶胶以添加剂形式加入生产的胶浆中，这种添加剂使胶浆结构化，它是橡胶非常有效的活性填料。它不仅改善了胶浆的工艺性能，而且提高了胶浆制品的质量。在这种情况下，相对橡胶而言，金属胶体粒子的活性很高，其表面有很强的憎水性，这种具有憎水性的金属胶体粒子是在电解时金属胶体粒子瞬间表面吸附了脂肪酸而形成的。

但是金属化学性质起着非常重要的作用，在这方面最有效的是Zn、Fe和Bi分散相。

某种金属溶胶分散相作为胶浆的添加剂时，金属胶体和胶浆中橡胶含量间存在最佳数量比。这个比值对应的是具有网状结构的强度。从工艺角度来看，不全是网状结构是最合适的。随着橡胶中金属胶体含量逐步提高，形成的网状组织强度逐渐增加，而后达到一个最大值，随后急剧降低。

添加超细金属粉（作添加剂）的胶浆制品的性能随时间而变化，主要是在制品老化过程中反映出来。

此外，一些金属胶体（Zn、Fe等）可作为橡胶工业制品的组分之一。由于橡胶混合物强度随填料细度提高而增加，细的胶体填料具有强化作用，强化的作用与填料比表面积和表面性质有关。

为了使填料起到有效的补强作用，必须使每个金属胶体粒子都被橡胶分子包覆，还必须使这些粒子的表面和橡胶分子接触。

作为胶浆组分加进去的金属胶体粒子表面通常都是疏水的，金属胶体粒子表面的活性物质——脂肪酸、蛋白质和油性物质的分子会产生定向吸附，吸附的分子在金属和橡胶间的分界面上呈现定向排列，其极性原子团指向金属表面，非极性端指向橡胶。这种定向排列通常会形成化学上稳定的吸附层，这层吸附层使金属胶体粒子表面对橡胶有非常大的亲和性，有利于金属胶体粒子和橡胶的不同大分子单个结构单元相互作用，形成牢固的结构。

除了这个总的模式外，体系中金属溶胶分散相的化学性质对橡胶—超细金属粉体系结构强度有决定性作用。Fe、Zn、Bi等有机胶体在这方面特别有意义。

毫无疑问，向橡胶中加入金属胶体必须使其均匀分布在橡胶中而不能产生凝聚。

还应该注意，其他加入橡胶中的组分，以及这些组分的混合顺序对橡胶和金属胶体间的相互作用也有重要影响。

为了消除上述因素的影响，制备橡胶混合物的最佳顺序是：超细金属粉—金属有机溶胶分散相—直接和相应量硬脂酸混合，然后均匀地分布到纯橡胶中，再把它和其余橡胶混合物组分充分混合。

这个工艺制备的金属胶体粒子表面具有最佳的疏水性，这样金属胶体颗粒相互接触和与橡胶大分子单个结构单元的相互作用均不受其他组分的影响。因为金属胶体分散相体积分数与橡胶相比非常小，金属胶体分散相外面形成连续的包覆层，而在分散介质中金属胶体粒子与其他胶浆组分无任何作用。

有关超细金属粉的杂质对橡胶及其制品物化性能的影响至今还没有研究。

由上述可见，有必要广泛研究超细金属粉应用的可能性，研究它们作为有效补强剂对橡胶制品物化性能的影响。考虑到金属胶体对橡胶性能的良好改性作用以及宇航和汽车工业对不同橡胶制品的迫切需求，选择金属胶体作为橡胶制品补强剂的迫切性已显而易见。

第五章　氧化铋系纳米材料的制备与表征

第一节　氧化铋纳米粒子的制备与表征

液相法是制备纳米粒子最常用的方法之一。本节采用氨水沉淀法、多元醇介质法和微乳法制备氧化铋（Bi_2O_3）纳米粒子，并进行条件优化及最佳筛选。

一、氨水沉淀法制备 Bi_2O_3 纳米粒子及其表征

（一）主要试剂和仪器

（1）主要试剂。硝酸铋（AR），氨水（AR），十二烷基苯磺酸钠（CP），无水乙醇（AR）。

（2）主要仪器。

①制备所用仪器。磁力搅拌器，电子恒温水浴锅，真空泵，pH计，电子天平，电热恒温干燥箱，马弗炉，离心机，一般化学实验室常用玻璃仪器。

②表征所用仪器。日本 JEOL JEM-2000FX 型电子显微镜（TEM）；德国布鲁克（Bruker）公司 D8GADDS 型 X 射线衍射仪（Cu 靶，K_a 射线辐射，$\lambda=1.5418$Å）（XRD）；美国 VG SCIENTIFIC ESCALBAB MK Ⅱ 型电子能谱仪（XPS）；美国麦克（MIKE）公司 ASAP2010 吸附测定仪（BET）；美国珀金埃尔默（PERKIN ELEMER）公司 Lambda 20 型分光光度计（UVVis）；美国尼高力（NICOLTE）仪器公司 IMPACT 410 红外吸收光谱仪（IR）。

（二）制备方法及条件试验

1. 制备方法

配制一定浓度的硝酸铋与氨水溶液。在不断加热并搅拌下，向硝酸铋溶液中缓慢地滴加氨水，当 pH 值达到 3~5，温度为 40~60℃时，加入一定量的 DBS 表面活性剂（直链十二烷基苯磺酸钠）后，继续滴加氨水。当 pH 值为 12~13 时，到达反应终点，继续搅拌 30min，过滤洗涤，再经醇洗、干燥脱水、焙烧，备用。

2. 条件试验

氨水沉淀法的特点是原料成本低、操作简单、产物颗粒形态可控，是一种重要的超细粒子制备方法。沉淀法是利用某一化学反应使溶液中构晶离子（构晶阴离子或构晶阳离子）

由溶液中缓慢产生后，与被沉淀组分发生反应，沉淀在整个溶液中均匀析出，从而避免了沉淀剂局部浓度过高。由于沉淀过程中构晶离子的过饱和度在整个溶液中比较均匀，使沉淀物颗粒比较均匀而且致密。本节采用氨水为沉淀剂，其反应方程如下：

（1）水解。

$$Bi^{3+}+NO_3^-+H_2O=BiONO_3\downarrow+2H^+$$

（2）转化。

$$2BiONO_3+2OH^-=Bi_2O_3\downarrow+H_2O+2NO_3^-$$

在其他条件相同的情况下，改变沉淀剂的种类与浓度对所得混合物浆料中固体粒子平均粒径有影响。试验表明，加入NaOH作沉淀剂，容易使颗粒变得较大，但产物中同时引入了不易除去的钠杂质。而用氨水作沉淀剂可起到控制晶核生长速度的目的，且不引入其他杂质。

在沉淀过程中，加入DBS溶液以防止沉淀过程中颗粒团聚长大。由于纳米粒子具有极高的表面能，在以水为反应体系制备粉末的过程中，晶粒生长速度很快，这是获得高性能纳米材料的一个重要障碍。为了防止晶粒生长，获得高性能纳米材料，在反应体系中加入添加剂，使其一方面控制成核过程，另一方面有机分子吸附在已形成的颗粒表面，增强了颗粒之间的空间位阻，从而提高颗粒的分散性能。

沉淀颗粒的大小与反应物浓度、滴加速度、搅拌速度等因素有关。在一定的氨水滴加速度和搅拌速度（1滴/5s）条件下，考察了原料浓度的影响。实验表明：盐或碱的浓度过高、过低都会使沉淀胶溶的过程难以进行。浓度过低，易出现异相成核，沉淀反应速度慢，反应时间长，沉淀颗粒长大。浓度过高则沉淀反应速度快，同时电解质浓度较大，胶粒易于凝聚长大形成大颗粒沉淀。所以在高浓度和低浓度下沉淀颗粒均较大，不易调制出透明水溶胶。试验中选择Bi^{3+}溶液的浓度为0.125mol/L。DBS作为添加剂，其最佳浓度为0.023mol/L。将干燥脱水后的粒子分别在500℃、600℃、700℃和750℃下焙烧90min，以试验最佳焙烧温度，温度过低或过高都是不利的，温度过低则焙烧不能去除DBS，温度过高则微粒发生大量团聚。

（三）氨水沉淀法制备的Bi_2O_3纳米粒子的表征

1.形貌与结构测试

采用日本JEOL JEM-2000FX型电子显微镜测定氨水沉淀法制备的Bi_2O_3纳米粒子形貌。结果表明，氨水沉淀法制备的Bi_2O_3纳米粒子为球形，粒度分布比较均匀。

商品Bi_2O_3粒子为斜方型（M）结构，而以氨水沉淀法制备的Bi_2O_3纳米粒子，主要为四方型（T）结构，并随焙烧温度的升高，其晶型向四方型完全转变。晶粒大小由谢乐（Schrerrer）公式计算。

$$D=K\lambda/\beta\cos\theta \tag{5-1}$$

式中：D为晶粒度；λ为X光的波长；β为衍射峰的半峰宽；θ为衍射角；$K=0.89$。

此法制备可得到Bi_2O_3纳米粒子，且随焙烧温度的提高，粒子粒径没有明显的增大，粒子的比表面积也没有明显的变化。

2.XPS 分析

制备方法和焙烧温度对 Bi_2O_3 纳米粒子的电子结合能有影响，测得的商品 Bi_2O_3 粒子的结合能与标准卡上的值相符，而此方法所制得的 Bi_2O_3 纳米粒子的电子结合能与商品 Bi_2O_3 粒子相比都偏高，只是幅度不同而已，不同温度焙烧的 Bi_2O_3 纳米粒子的电子结合能，大小顺序为：750℃、700℃、600℃、500℃。电子结合能的增加造成了带隙能的增大，这有利于光生电子和空穴的分离，空穴与被吸附的有机物分子直接反应是气—固复相光催化反应的重要途径之一，所以 Bi_2O_3 纳米粒子光催化活性与制备条件相关联的试验结果是可以理解的。

3.UV-VIS 测试

粒径不同，其紫外可见光吸收光谱有所不同；焙烧温度不同对紫外可见光吸收光谱的强度有影响，随着焙烧温度的升高，Bi_2O_3 纳米粒子的吸光度逐渐增强，也即对光的利用率提高，而这导致光催化效率的提高。

4.IR 分析

氨水沉淀法制备的 Bi_2O_3 纳米粒子和商品 Bi_2O_3 粒子均在波数为 $800cm^{-1}$ 左右出现了的吸收带是 Bi—O 特征振动吸收，而氨水沉淀法制备的 Bi_2O_3 纳米粒子在波数 $1200cm^{-1}$ 左右出现特殊吸收带，可能是吸附在样品表面的 O—H 基团振动吸收峰，由此可以认为制备的样品具有较强的吸附能力。

二、多元醇介质法制备 Bi_2O_3 纳米粒子及其表征

（一）主要试剂及仪器

（1）主要试剂。二缩二乙二醇（AR），乙酸铋（AR），硅油（AR），氢氧化钠（AR），无水乙醇（AR）。

（2）主要仪器。

①制备所用仪器：电子天平，电子恒温油浴锅，离心机，磁力搅拌器，电热恒温干燥箱，马弗炉，一般化学实验室常用玻璃仪器。

②表征所用仪器同氨水沉淀法。

（二）制备方法

称取 1.66g 乙酸铋于 50mL 二苷醇中，在 140℃硅油浴中搅拌下，加入 0.1mol/L NaOH 溶液 1.0mL，再加热到 180℃，持续 2h；冷却到室温，加入 50mL 乙醇后经离心、烘干、焙烧后备用。

（三）多元醇介质法制备 Bi_2O_3 纳米粒子的表征

1.形貌与结构测试

多元醇介质法制备的 Bi_2O_3 纳米粒子为球形，粒度分布较均匀。用德国布鲁克（Bruker）

公司 D8 GADDS 型 X 射线衍射仪（Cu 靶，Kα 射线辐射，$\lambda=1.5418\text{Å}$）对利用多元醇制备并经 500℃、600℃、700℃和 750℃焙烧的 Bi_2O_3 纳米粒子进行 XRD 测试，商品 Bi_2O_3 粒子为斜方型（M）结构；而以多元醇介质法制备的 Bi_2O_3 纳米粒子，主要为四方型（T）结构，并随焙烧温度的升高，其晶型向四方型完全转变。晶粒大小可利用谢乐（Schrerrer）公式计算得到。

采用多元醇介质法可制备出粒度均匀的 Bi_2O_3 纳米粒子。随焙烧温度的提高，粒子的比表面积未有明显增大，这是由于粒子粒径没有明显变化所致。

2.XPS 分析

多元醇介质法所制得的 Bi_2O_3 纳米粒子的电子结合能与氨水沉淀法制备的 Bi_2O_3 相比略高，多元醇介质法制备、不同温度焙烧的 Bi_2O_3 纳米粒子的电子结合能的大小顺序为：750℃、700℃、600℃、500℃；电子结合能的增加造成了带隙能的增大，这有利于光生电子和空穴的分离，进一步证实了 Bi_2O_3 纳米粒子光催化活性与制备条件是相关联的。

3.UV-VIS 分析

Bi_2O_3 纳米粒子的粒径不同、焙烧温度不同，对其紫外可见光吸收有不同影响，影响规律与氨水沉淀法的基本相同。

4.IR 分析

多元醇介质法制备的样品是纯 Bi_2O_3 纳米粒子，均在 800cm^{-1} 出现了 Bi—O 键特征振动吸收。

三、微乳法制备 Bi_2O_3 纳米粒子及其表征

（一）主要试剂及仪器

（1）主要试剂。五水硝酸铋（AR），十二烷基苯磺酸钠（CP），甲苯（AR），氨水（AR），浓硝酸（AR），二次水（自制）。

（2）主要仪器。

①制备所用仪器。控温磁力搅拌器，电子天平，马弗炉，真空泵，回流、减压蒸馏装置，实验室常用玻璃仪器。

②表征所用仪器同氨水沉淀法。

（二）制备方法

配制 0.025mol/L 的十二烷基苯磺酸钠，为溶液 A。称取 4.9g 五水硝酸铋，加入少量水，滴入浓硝酸至溶液澄清，定容至 50mL，制得溶液 B。量取一定体积的溶液 A、溶液 B 和甲苯溶液混匀，在搅拌下，滴入一定量的氨水形成微乳液，静置分液，水相用甲苯萃取两次并入有机相中，回流除去有机相中的水，减压蒸馏形成 Bi_2O_3 有机溶胶，烘干，经不同温度下焙烧后，备用。

（三）微乳法制备 Bi_2O_3 纳米粒子的表征

1.结构与形貌测试

微乳法制备的 Bi_2O_3 纳米粒子为球状，粒度分布均匀。与商品（市售） Bi_2O_3 粒子相比，微乳法制备的 Bi_2O_3 纳米粒子的比表面均较之大得多，但是不同温度下焙烧的 Bi_2O_3 纳米粒子的比表面积相差并不大，这主要是由于温度升高 Bi_2O_3 纳米粒子粒径并未明显变化所致。XRD分析采用德布鲁克（Bruker）D8公司GADDS型X射线衍射仪（Cu靶，Kα射线辐射， $\lambda=1.5418Å$ ），商品（市售） Bi_2O_3 粒子为斜方晶型（M），而制备的 Bi_2O_3 纳米粒子都主要为四方晶型（T）。晶型不同，则二者的带隙能有差异，两者价带位置相同而导带位置不同，因而光生电子和空穴的分离几率不同，光催化活性不同。根据光催化活性测试结果，四方晶型具有较高活性，而斜方晶型光催化活性较低。随着焙烧温度的升高， Bi_2O_3 纳米粒子的粒径并没有明显的增大，但晶型却发生转变，焙烧温度越高，粒子晶型向四方晶型转变程度愈高，光催化活性越高，说明与粒径相比粒子晶型对光的催化活性的影响更为显著。

2.XPS测试

采用美国VG SCIENTIFIC ESCALBAB MK Ⅱ型电子能谱仪（XPS）测量固体上的不同种类电子结合能。发现焙烧温度对 Bi_2O_3 纳米粒子的电子结合能有影响，测得的 Bi_2O_3 纳米粒子的结合能与标准卡上数值相符，而不同温度下焙烧的 Bi_2O_3 纳米粒子电子结合能较多元醇介质法制备的 Bi_2O_3 纳米粒子都略偏高，大小顺序为：750℃、700℃、600℃、500℃、商品。电子结合能越高，电子结合能的增加造成了带隙能的增大，这有利于光生电子和空穴的分离。

3.UV-VIS

Bi_2O_3 纳米粒子的紫外—可见光吸收光谱表明，其较强的吸收峰位于411nm处，它在吸收光波长 $\lambda\leq411nm$ 的光辐射时，才可以产生光生电子和空穴，引发降解反应。商品 Bi_2O_3 粒子的吸收与理论值相符，而制备的 Bi_2O_3 纳米粒子焙烧温度不同，发生不同程度的"红移"。其中"红移"程度最大的是750℃焙烧的 Bi_2O_3 纳米粒子。

4.IR分析

微乳法制备的 Bi_2O_3 纳米粒子和商品 Bi_2O_3 纳米粒子的红外吸收最大值均在波数 $800cm^{-1}$ 左右，但微乳法制备的 Bi_2O_3 纳米粒子对红外光的吸收面积大， $1200cm^{-1}$ 左右出现吸收峰，表现出它对红外吸收的异常效应。

综上，氨水沉淀法、多元醇介质法和微乳法三种方法均可制得纳米尺寸的 Bi_2O_3 粒子。三种制备方法相比，微乳法制备的 Bi_2O_3 纳米粒子粒径最小；商品 Bi_2O_3 粒子与三种方法制备的 Bi_2O_3 纳米粒子的比表面积大小顺序为：微乳法、多元醇介质法、氨水沉淀法、商品。与商品 Bi_2O_3 粒子相比，自行制备的 Bi_2O_3 纳米粒子显示出量子尺寸效应，该效应与表面羟基的存在一起将对粒子的光催化活性产生不容忽视的影响。

将XRD衍射数据与标准卡片比较以确定晶型，发现商品 Bi_2O_3 粒子为斜方晶型（M），而三种方法自行制备的 Bi_2O_3 纳米粒子都主要为四方晶型（T）。而后者所制得的 Bi_2O_3 粒子

结合能与商品 Bi_2O_3 粒子相比都偏高，只是幅度不同而已，其大小顺序为：微乳法、多元醇介质法、水沉淀法。因此 Bi_2O_3 纳米粒子制备方法对其光催化活性具有较大影响。

第二节　铋系复合半导体氧化物纳米粒子的制备与表征

半导体复合纳米粒子的复合方式有核—壳结构、偶联结构、固溶体和量子点量子阱。核—壳结构的复合纳米粒子制备时有一定的加料顺序，即先生成核，再在核外生成另一种半导体粒子对其进行包覆。偶联结构的复合粒子可分别制备然后混合或一次形成，这依赖于两种半导体粒子的属性、生成速率和溶度积的差别。固溶体的制备则必须在同一体系中同时完成。本文采用金属盐类的水解法和沉淀法制备复合纳米粒子。半导体复合纳米粒子由于其复合方式及组分的不同而表现出显著不同的特性。主要表现出光谱性质的变化，光催化性能也有显著提高。

一、TiO_2/Bi_2O_3 复合半导体氧化物的制备与表征

（一）TiO_2/Bi_2O_3 复合半导体氧化物的制备

1. 主要试剂及仪器

（1）主要试剂。硝酸铋（AR），硫酸钛（CP），氯仿（AR），硫酸（AR），酞酸丁酯（CP），冰乙酸（AR），乙酸酐（AR），DBS（CP），氢氧化钠（AR），二次水（自制）。

（2）主要仪器。

①制备所用仪器。红外线快速干燥器，SYZ-550型石英亚沸高纯水蒸馏器，CJ-24型磁力搅拌器，电热恒温干燥箱，马弗炉，TDL-40B离心机，石英反应瓶，电子天平，高压汞灯，实验室常用玻璃仪器。

②表征所用仪器。美国VG SCIENTIFIC ESCALAB MK II 型电子能谱仪（XPS），德国 D/max-γA 转靶X射线衍射仪（XRD），美国PERKIN ELEMER公司Lambda 20型分光光度计（UV-VIS），德国NETZSCH STA 449C热重—差热分析仪（TG-DTA）。

2. 制备方法

（1）配制一定浓度的 $Bi(NO_3)_3$ 与NaOH溶液，在搅拌条件下将适量的NaOH溶液缓慢加入 $Bi(NO_3)_3$ 溶液中。反应完毕后，将反应产物离心洗涤，得A。

（2）配制一定浓度的 $Ti(SO_4)_2$ 溶液，在搅拌条件下将适量的NaOH溶液缓慢加入 $Ti(SO_4)_2$ 溶液中。反应完毕后，将反应产物离心洗涤，得 B_1。

（3）配制一定浓度的 H_2SO_4 溶液，在搅拌条件下将适量的 H_2SO_4 溶液缓慢加入 B_1 中。反应完毕后，将反应产物离心洗涤，得 B_2。

（4）混合A和B$_2$，向其中加入一定量的DBS溶液，搅拌30min后将混合均匀的溶液用CHCl$_3$萃取。

（5）将萃取产物置于蒸发皿，于红外线快速干燥器中烘干。烘干产物研碎后在马弗炉中进行热处理，备用。

（二）TiO$_2$/Bi$_2$O$_3$复合半导体氧化物的表征

1.TG-DTA分析

绘制1% TiO$_2$/Bi$_2$O$_3$复合纳米粒子的热重—差热分析曲线，测量时加热速度为10℃/min。在DTA曲线上260～400℃区间内有一较大放热峰，这是样品制备时前驱体所引入物质的分解脱除；在400～700℃实际存在着一系列晶型转变过程，由于升温速度较快及仪器精度，样品用量等因素使斜方转向立方又转向四方型的相变峰并未显示；仅在720～730℃区间内有一尖锐吸热峰，这可能是由于样品由斜方向四方晶型转变所致。

2.XRD

以NaOH沉淀法制备的TiO$_2$/Bi$_2$O$_3$纳米粒子主要以四方晶型（T）结构存在，同时，出现TiO$_2$的特征衍射峰，主要以锐钛矿型（T）存在。750℃焙烧的纯Bi$_2$O$_3$纳米粒子主要以四方晶型（T）结构存在。谢乐（Scherrer）公式定量地给出了粒子粒径与半峰宽的关系，由此计算得TiO$_2$/Bi$_2$O$_3$纳米粒子的粒径在37.51～45.36nm，小于同样方法制备的纯Bi$_2$O$_3$纳米粒子的粒径（60.4nm）。可见，TiO$_2$的加入可以阻碍Bi$_2$O$_3$晶粒的生长，从而导致粒径有所减小。

3.XPS

750℃焙烧的铋以+3价的形式存在，钛是以+4价形式存在，所以制备的样品是Bi$_2$O$_3$/TiO$_2$复合半导体，与XRD结果相符合。

4.UV-VIS

在可见光波长360～600nm范围内，1% TiO$_2$/Bi$_2$O$_3$复合半导体氧化物的吸光度要高于同种方法制备的纯Bi$_2$O$_3$纳米粒子；同时1% TiO$_2$/Bi$_2$O$_3$纳米粒子的光谱吸收边带比纯Bi$_2$O$_3$纳米粒子的红移了50nm左右。这是由于将宽带半导体TiO$_2$与Bi$_2$O$_3$复合时，光致电子产生于Bi$_2$O$_3$并迁移到TiO$_2$，使所需的激发光频率变低，从而使半导体氧化物的吸收波长向可见光区域扩展。随着焙烧温度的升高，1% TiO$_2$/Bi$_2$O$_3$纳米粒子的吸光度逐渐增强，也即对光的利用率提高，而这则导致了光催化效率的提高。

二、Ni$_2$O$_3$/Bi$_2$O$_3$复合半导体氧化物的制备与表征

（一）Ni$_2$O$_3$/Bi$_2$O$_3$复合半导体氧化物的制备

1.主要试剂及仪器

（1）主要试剂。碳酸镍（CP），硝酸铋（AR），硝酸（AR），氨水（AR），甲苯（AR），DBS（CP），二次水（自制）。

（2）主要仪器。

①制备所用仪器。CJ-24型磁力搅拌器，电热恒温干燥箱，电子天平，TDL-40B离心机，石英亚沸蒸馏水器，马弗炉，石英反应瓶，高压汞灯，实验室常用减压蒸馏装置。

②表征所用仪器。美国VG SCIENTIFIC ESCALAB MKⅡ型电子能谱仪（XPS），德国D/max-γA转靶X射线衍射仪（XRD），美国珀金埃尔默（PERKIN ELEMER）公司Lambda 20型分光光度计（UV-VIS），德国NETZSCH STA 449C热重—差热分析仪（TG-DTA）。

2.制备方法

（1）称取适量硝酸铋溶于少量水中，滴加浓硝酸至溶液澄清；向此溶液中加入适量的碳酸镍，搅拌至溶液澄清，定容至50mL。

（2）量取以上溶液25mL，量取甲苯25mL，取0.025mol/L DBS溶液25mL，三种溶液混匀，边搅拌边滴加适量浓氨水至pH值达11～12。

（3）搅拌30min后，分液，保留有机相，减压蒸馏至浓胶，烘干，烘干产物研碎后在马弗炉中进行热处理，备用。

（二）Ni_2O_3/Bi_2O_3复合半导体氧化物的表征

1.TG-DTA分析

绘制1.5% Ni_2O_3/Bi_2O_3复合纳米粒子的TG曲线，测量时加热速度为10℃/min。在TG曲线上，主要存在一个400～500℃的失重台阶，对应着硝酸根和十二烷基苯磺酸钠的分解，对应样品重量为初始值的97.75%，与DTA曲线吻合。此后再升高温度，无明显失重，曲线较平缓。

在DTA曲线上260℃左右有一小的吸热峰，可能是脱除水和脱除少量有机物的影响；400～450℃有一较大放热峰，这可能是样品制备时前驱体引入物质的分解脱除以及样品脱去粒子表面OH^-所引起的；而Bi_2O_3在500～700℃实际存在着一系列晶型转变过程，624℃发生由α型向β型转变，630℃发生由β型向γ型转变，可能由于测定时加热速度太快，以上相变峰并未显示。

2.XRD

750℃焙烧的纯Bi_2O_3纳米粒子主要以四方晶型（T）结构存在。以此法制备的$Ni_2O_3/$ Bi_2O_3纳米粒子也主要以四方晶型结构存在，同时，出现Ni_2O_3的特征衍射峰。由谢乐（Scherrer）公式计算得到Ni_2O_3/Bi_2O_3纳米粒子的粒径在27.45～45.15nm。

3.XPS

750℃焙烧的铋是以+3价的形式存在，镍是以+3价形式存在，所以制备的样品是Ni_2O_3/Bi_2O_3复合半导体，与XRD结果相符合。

4.UV-VIS

复合半导体样品的紫外—可见光吸收光谱是用美国珀金埃尔默（PERKIN ELEMER）公司Lambda 20型分光光度计在室温下测定。复合纳米粒子的光谱吸收边带比纯Bi_2O_3纳米粒子的红移了。这可能由于半导体Ni_2O_3与Bi_2O_3复合时，光致电子产生于Ni_2O_3并迁移到

Bi_2O_3，使所需的激发光频率变低，从而使复合半导体氧化物的吸光波长向可见光区发生扩展。随着焙烧温度的升高，1.5% Ni_2O_3/Bi_2O_3纳米粒子的吸光度逐渐增强，也即对光的利用率提高。

第三节　铋系氧化物纳米粒子的光催化活性

一、光催化反应系统

（一）配气及光照系统

由于石英玻璃对紫外光有很好的透过性，所以试验中常使用石英反应瓶作为光催化反应器，反应器为圆柱形，外径50mm，长200mm，有效体积300mL，顶部与侧部各有一开口作为配气口与取样口。试验时首先将适量催化剂装入反应器中，然后用垫有聚四氟乙烯的反口胶塞将反应器密封。抽成真空后，向反应器内注入一定量的反应物（如甲苯等）及氧气，以氮气为稀释气体。仔细振荡反应器使气体混合均匀，并使催化剂以一薄层形式平铺于反应器底部。

将反应器送入光照系统，反应器及光源采取平放式，与地面平行，光源为400W高压汞灯。高压汞灯主要是中、长波紫外和可见光辐射，它是叠加在许多弥散汞上的连续光谱。

高压汞灯发射光谱在200～600nm范围是连续的，并且高压汞灯是紫外辐射很强的光源，所以它能满足试验的需求。光源用一两侧开有窗口的金属筒罩住，以期获得稳定而集中的辐射，反应器距汞灯15cm（此距离处获得的光强为照度仪测量的辐射照度5.3mW/cm^2），中间用一圆柱形石英管等距离隔开，以保证反应器不会因长时间的辐射而温度偏高。调节汞灯与反应器之间的距离可改变光强。

（二）检测系统

在反应进行过程中，每隔一定时间从石英反应器中取一定量气体，用HP4890型GC（FID）对苯系有机污染物进行外标法定量分析。测量的精密度和准确度可以得到保证。

二、Bi_2O_3纳米粒子的光催化活性

本节中测试了不同制备条件下以及不同制备方法所制得的氧化铋（Bi_2O_3）纳米粒子的光催化活性，分析了影响它们的光催化活性的因素。

反应体系为：苯（1000×10^{-6}）/甲苯（1000×10^{-6}）/对二甲苯（1000×10^{-6}）+O_2（20%）+N_2+催化剂（0.1g）。对比试验结果表明，若反应体系中不引入光催化剂或不经光

辐照，均不发生苯系有机污染物的降解反应，而一旦在体系中引入光催化剂并经光辐照时，苯系有机污染物的光催化氧化反应便发生了。所以通过观察不同光催化剂存在下苯系有机污染物的降解速率可比较光催化剂的活性。

（一）氨水沉淀法制备的Bi_2O_3纳米粒子的光催化活性

在Bi_2O_3纳米粒子光催化下，苯、甲苯、对二甲苯浓度均随反应时间的增加而降低，同时指出Bi_2O_3纳米粒子对三种污染物的光催化活性均随Bi_2O_3纳米粒子的焙烧温度的升高而增大。三种污染物的光催化降解速率的顺序为：对二甲苯、甲苯、苯。

（二）多元醇介质法制备的Bi_2O_3纳米粒子的光催化活性

用多元醇介质法制备的Bi_2O_3纳米粒子光催化苯、甲苯、对二甲苯，研究它们的浓度随时间的变化关系，结果与氨水沉淀法情况相似。

（三）微乳法制备的Bi_2O_3纳米粒子的光催化活性

微乳法制备的Bi_2O_3纳米粒子对苯、甲苯、对二甲苯三种污染物进行光催化活性研究，结果表明，该法制备的Bi_2O_3纳米粒子的活性优于氨水沉淀法和多元醇介质法。

（四）影响Bi_2O_3纳米粒子光催化活性的因素

1. 粒径的影响

用三种制备方法均可得到纳米尺寸的Bi_2O_3粒子，且随焙烧温度的提高，粒子粒径没有明显的增大，随之粒子的比表面积也没有明显的变化。将商品Bi_2O_3粒子与用多元醇介质法、氨水沉淀法和微乳法制备的Bi_2O_3纳米粒子的光催化活性进行比较，三种方法制备的Bi_2O_3纳米粒子有共同的特点：氧化物纳米粒子的光催化活性均优于相应的商品氧化物材料（两者粒径相差几倍或可达几十倍），粒径的较大差异导致以下状况。

① 半导体氧化物纳米粒子所具有的量子尺寸效应使其能隙变宽，导带电位变得更负，而价带电位变得更正。这意味着纳米半导体粒子获得了更强的还原及氧化能力，从而光催化活性随尺寸量子化程度的提高而提高。

② 对于半导体氧化物纳米粒子而言，其粒径通常小于空间电荷层的厚度，在此情况下，空间电荷层的任何影响都可忽略，载流子可通过简单的扩散从粒子内部迁移到粒子表面而与电子给体或受体发生还原或氧化反应。粒径越小，电子从体内扩散到表面的时间越短，所以电子与空穴复合几率越小，电荷分离效果越好，从而导致光催化活性的提高。

同时发现，用上述三种方法制得的Bi_2O_3纳米粒子的光催化活性均甚高于商品Bi_2O_3粒子；而在同一晶型条件下，虽然粒子粒径变化不大，但还是有差别的，导致其光催化活性有规律地变化。

2. 晶型的影响

商品Bi_2O_3粒子为斜方型（M）结构；而以多元醇介质法、氨水沉淀法和微乳法制备的

Bi_2O_3纳米粒子，主要为四方型（T）结构，并随焙烧温度的升高，其晶型向四方型完全转变，但是Bi_2O_3纳米粒子的熔点温度为824℃，所以不能无限升高焙烧温度。

用多元醇介质法、氨水沉淀法和微乳法制备的Bi_2O_3纳米粒子对苯、甲苯、二甲苯的光催化活性明显高于商品Bi_2O_3粒子，后者几乎没有光催化活性。而随焙烧温度的升高，自制Bi_2O_3纳米粒子的光催化活性明显升高。

三种方法制备的Bi_2O_3纳米粒子另一共同的特点是随焙烧温度的升高，粒子的光催化活性有所升高，这可能与随温度的升高晶型发生完全转变有关。Bi_2O_3纳米粒子晶型对光催化活性有较大的影响。这是因为晶型不同，电子结合能就不同，它们的价带位置相同而导带位置不同，造成带隙能有差异，因而光生电子和空穴的分离概率不同，就导致Bi_2O_3纳米粒子光催化活性不同。

而对于商品Bi_2O_3粒子而言，750℃焙烧后，晶型虽发生了由M→T结构的转变，但其粒径却增大到1061.9nm。活性试验证明，其光催化活性并没有得到提高。这说明，粒径只有小到一定范围内也就是表现出量子尺寸效应时，晶型的转变才能有效的改善粒子的光催化活性。

3. 电子结合能的影响

根据XPS测定结果与光催化活性图可见，发现制备方法对Bi_2O_3纳米粒子的结合能有影响，测得的商品Bi_2O_3粒子的电子结合能与标准卡相符，而三种制备方法所制得的Bi_2O_3纳米粒子电子结合能与商品Bi_2O_3粒子相比都偏高，只是幅度不同而已，其大小顺序为：微乳法、多元醇介质法、氨水沉淀法。电子结合能的增加造成了带隙能的增大，这有利于光生电子和空穴的分离，空穴与被吸附的有机物分子直接反应是气—固复相光催化反应的重要途径之一，所以Bi_2O_3纳米粒子光催化活性与制备方法相关联的实验结果是可以理解的。

商品Bi_2O_3粒子是单斜晶型，光催化活性很低，而经三种制备方法制备所得的Bi_2O_3纳米粒子主要是四方晶型，具有较强的光催化活性。从活性看，微乳法制备的Bi_2O_3纳米粒子光催化性能更优于多元醇介质法及氨水沉淀法。"三苯"类气相污染物的光降解速率顺序为对二甲苯、甲苯、苯，这与它们的开环作用及失电子能力有关。

三、铋系复合半导体氧化物纳米粒子的光催化活性

（一）TiO_2/Bi_2O_3复合半导体氧化物的光催化活性

1. 不同焙烧温度对TiO_2/Bi_2O_3的光催化活性的影响

随着焙烧温度的升高，1% TiO_2/Bi_2O_3复合半导体氧化物的光催化活性提高。这是因为随着温度的升高，其粒径并无显著增大；同时，高温焙烧是去除大的体相缺陷的有效方法，温度升高可以减少由大的体相缺陷产生的光致电子和空穴的复合中心，进而提高光催化活性。

2. 不同TiO_2复合量对光催化活性的影响

在相同焙烧温度（750℃）下，TiO_2/Bi_2O_3复合半导体氧化物的光催化活性优于纯Bi_2O_3

纳米粒子，1% TiO_2/Bi_2O_3 复合半导体氧化物的光催化活性最强。复合半导体氧化物活性提高归因于不同能级半导体之间的载流子的输运与分离。这主要是因为 TiO_2 的引入可以形成杂质晶格缺陷，产生更多的光催化活性位点，从而使催化活性提高。TiO_2 复合量过少时起不到作用；而复合量过多时则会增加光催化剂表面载流子复合中心的数目，使催化活性下降。

（二）Ni_2O_3/Bi_2O_3 复合半导体氧化物的光催化活性

1. 不同焙烧温度对光催化活性的影响

随着焙烧温度的升高，1.5% Ni_2O_3/Bi_2O_3 催化剂的光催化活性相应提高，对苯、甲苯、对二甲苯三种污染物具有相同的规律。

2. 不同 Ni_2O_3 复合量对光催化活性的影响

不同 Ni_2O_3 复合量对 Ni_2O_3/Bi_2O_3 催化剂的光催化活性有影响。在本试验条件下，Ni_2O_3 最佳复合量为1.5%，此复合量下光催化活性最高。

第六章　高分子材料的制备与性能

第一节　高分子材料概述

一、高分子材料的基本概念与特点

（一）高分子化合物的定义

高分子化合物，是指由众多原子或原子团主要以共价键结合而成的相对分子质量在一万以上的化合物。

首先，应对"众多原子""主要以共价键结合而成"和"相对分子质量在一万以上"三个关键词加以解释。目前已经知道无论是天然高分子还是合成高分子，组成其大分子的原子数目虽然成千上万，但是所涉及的元素种类却相当有限，通常以C、H、O、N四种非金属元素最为普遍，S、Cl、P、Si、F等元素也存在于一些高分子化合物中。而Fe、Ca、Mg、Na、I等元素则是构成生物大分子的微量元素。

其次，所谓"主要以共价键结合而成"，系指绝大多数高分子化合物中构成主链的元素几乎都是通过共价键实现相互联结的。只有极少数高分子化合物（如某些新型合成聚合物）的分子主链可能含有配位键。一些特殊高分子化合物（如功能高分子等）的分子侧基或侧链上则可能含有离子键或配位键。

最后，所谓"相对分子质量在一万以上"其实只是一个大概的数值。事实上，对于不同种类的高分子化合物而言，具备高分子特性所必需的相对分子质量下限各不相同，甚至相去甚远。例如一般缩合聚合物（简称缩聚物）的相对分子质量通常在一万左右或稍低；而一般加成聚合物（简称加聚物）的相对分子质量通常超过一万，有些甚至高达百万以上。

（二）高分子的基本概念

能够形成聚合物中结构单元的小分子化合物称为单体，它是合成聚合物的原料。由单体合成聚合物的反应称为聚合反应。

在高分子材料合成发展的早期，曾把聚合反应和聚合物分为两大类，即加聚反应和加聚物，缩聚反应和缩聚物。

加聚反应和加聚物是指生成聚合物（例如聚甲基丙烯酸甲酯）的结构单元与其单体（甲基丙烯酸酯）相比较，除电子结构（化学键方向、类型）有改变外，其所含原子种类、数目均相同的聚合反应和聚合物。在加聚物中，结构单元即重复单元，也称单体单元，三者的含义是一致的。

缩聚反应和缩聚物是指所生成的聚合物结构单元在组成上比其他相应的原料单体分子少了一些原子的聚合反应和聚合物。这是因为在这些聚合反应中，官能团间进行缩聚反应，失去某种小分子的缘故。

凡是聚合物中结构单元数目小（2～20），且其端基不清楚者，称为齐聚物或寡聚物。一般由调聚反应生成的调聚物也是齐聚物，其端基由所使用的链转移剂而定。遥爪预聚物也是低分子量聚合物，但其具有已知的功能团作为两端的端基，常常是最终聚合物产品中间体或聚合物的改性剂。

在加聚反应中，有一种单体进行的聚合反应称为均聚反应，所得的聚合物称为均聚物。由两种或两种以上单体进行的聚合反应称为共聚反应，所得聚合物称为共聚物，相应地有二元、三元、四元共聚物等。

（三）高分子材料的基本特点

高分子材料的基本特点主要表现在以下几个方面。

1.相对分子质量很大，具有多分散性

相对于小分子和中分子化合物而言，相对分子质量大于1万的高分子化合物，其分子尺寸无疑要大得多，其分子形态也就更为复杂多样。相对分子质量大是高分子的根本性质，高分子的许多特殊性质都与相对分子质量大有关，如高分子难溶，甚至不溶，溶解过程往往要经过溶胀阶段；溶液黏度比同浓度的小分子高得多；分子之间的作用力大，只有液态和固态，不能气化；固体高分子材料具有一定的力学强度，可抽丝、能制膜。

高分子材料的加工性能与相对分子质量有较大关系。相对分子质量过大，聚合物熔体黏度过高，难以成型加工；达到一定相对分子质量，保证使用强度后，不必追求过高的相对分子质量。

高分子化合物是由相对分子质量大小不等的同系物组成的混合物，其相对分子量只有统计平均意义。不仅如此，即使具有相同平均分子量的同一高分子化合物，也可能因其具有不同的多分散性而拥有不完全相同的加工和使用性能。相对分子质量分布是影响聚合物性能的因素之一，高相对分子质量部分使聚合物强度增加，但加工成型时塑化困难；低相对分子质量部分使聚合物强度降低，但易于加工。不同用途的聚合物应有其合适的相对分子质量分布：合成纤维、塑料薄膜相对分子质量分布宜窄，橡胶的相对分子质量分布可较宽。

2.化学组成比较简单，分子结构有规律

如前所述，合成高分子化合物的化学组成相对比较简单，通常由有限的几种非金属元素组成。其次，所有合成高分子化合物的大分子结构都存在一定的规律性，即都是由某些符合特定条件的低分子有机或无机化合物通过聚合反应并按照一定的规律彼此连接而成的。

不同种类的单体可以按照两种不同的机理进行聚合反应，生成不同结构类型的高分子化合物。一种情况是单体的化学组成并不改变，只是某些原子之间彼此连接的方式发生了改

变——这是合成加成聚合物的一般情况；另一种情况是单体的化学组成和结构都发生了变化——这是合成缩合聚合物的一般情况。

3.分子形态多种多样

多数合成聚合物的大分子为长链线型，常称为分子链或大分子链。将具有最大尺寸、贯穿整个大分子的分子链称为主链；而将连接在主链上除氢原子外的原子或原子团称为侧基；有时也将连接在主链上具有足够长度的侧基（往往也是由某种单体聚合而成）称为侧链。将大分子主链上带有数目和长度不等的侧链的聚合物称为支链聚合物。某些所谓的体型高分子具有三维空间网络结构，用这类高分子做成的物体事实上就是一个相对分子质量几乎无限巨大的分子。由此可见，相对分子量对于体型高分子而言已经失去意义。近年来，已经有大分子主链呈星形、梳形、梯形、球形、环形等特殊结构的聚合物得到研究和报道。

此外，一般的高分子材料都具有比重小、强度大、耐化学腐蚀等特点。

二、高分子材料的分类与命名

高分子材料种类繁多、用途广泛，需要建立科学而严谨的分类和命名规范。然而，由于历史原因以及社会文化背景的差异，长期以来不同领域或不同职业的人们在不同场合通常习惯于使用不同的分类和命名方法。因此，作为高分子科学工作者，首先需要了解现有的各种分类和命名原则，掌握并逐步推广使用更为规范的命名和分类规则。

（一）高分子材料的分类

1.按照来源分类

按照来源可将高分子材料分为天然高分子材料和合成高分子材料两大类。天然高分子材料包括天然无机高分子材料和天然有机高分子材料。例如云母、石棉、石墨等均属于常见的天然无机高分子材料。天然有机高分子则是自然界一切生命赖以存在、活动和繁衍的物质基础，如蛋白质、淀粉、纤维素等便是最重要的天然有机高分子材料。合成高分子材料其实也包括无机和有机两大类，不过在未作说明时往往指合成有机高分子材料，这是本书的主要研究对象，也是下述分类和命名规则的适用对象。

2.按照材料用途分类

按照高分子材料的用途可分为塑料、橡胶、纤维、涂料、胶黏剂和功能高分子材料六大类，其中前三类即所谓的"三大合成材料"。将通用性强、用途较广的塑料、橡胶、纤维、涂料和胶黏剂称为通用高分子材料，而功能性强的功能高分子材料则是高分子科学新兴而最具发展潜力的领域。这是高分子材料的一种分类，并非高分子化合物的合理分类，因为同一种高分子化合物，根据不同的配方和加工条件，往往可以加工成不同的材料。例如，聚氯乙烯既可加工成塑料也可加工成纤维，又如尼龙既可加工成纤维也可加工成工程塑料。

3.按照主链元素组成分类

按照构成大分子主链的化学元素组成，可分为碳链高分子、杂链高分子和元素有机高分子三大类。

（1）碳链高分子。碳链高分子的主链完全由碳原子组成，而取代基可以是其他原子。绝大部分烯烃、共轭二烯烃及其衍生物所形成的聚合物，都属于此类。

（2）杂链高分子。杂链高分子的主链除碳原子外，还含有O、N、S、P等杂原子，并以共价键互相连接。多数缩聚物如聚酯、聚酰胺、聚氨酯等均属于杂链高分子。

（3）元素有机高分子。元素有机高分子的主链不含碳原子，而是由Si、B、Al、O、N、S、P或Ti等原子构成，不过其侧基上含有由C、H等原子组成的有机基团，如甲基、乙基或苯基等。

4.按照聚合反应类型分类

按照卡罗瑟斯（Carothers）分类法，将聚合反应分为缩合聚合反应（简称缩聚反应）和加成聚合反应（简称加聚反应）两大类，由此而将其生成的聚合物分别归类于缩聚物和加聚物。当然还可以将缩聚物中的某些特殊类型再细分为加成缩聚物（如酚醛树脂）、开环聚合物（如环氧树脂）等。加聚物也可再细分为自由基聚合物、离子型聚合物和配位聚合物等。

5.按照化学结构分类

参照与之相对应的有机化合物结构，可以将合成高分子化合物分为聚酯、聚酰胺、聚氨酯、聚烯烃等类型。这一分类方法尤其重要，也最为常用，必须重点掌握。

6.按照聚合物的热行为分类

按照聚合物受热时的不同行为，可分为热塑性聚合物和热固性聚合物两大类。前者受热软化并可流动，多为线型高分子。后者受热转化为不溶、不熔、强度更高的交联体型聚合物。这种分类方法普遍用于工程与商业流通等领域。

7.按照相对分子质量的大小分类

按照聚合物相对分子质量的差异，一般分为高聚物、低聚物、齐聚物和预聚物等。在通常情况下，相对分子质量小于合格产品的中间体，或者用于某些特殊用途（如涂料、胶黏剂等）的聚合物均属于低聚物。相对分子质量极低、根本不具有高分子材料特性的某些缩聚物曾称其为齐聚物，现习惯统称为预聚物。那些可在特定条件下交联固化、最终转化为体型聚合物的低聚物也称为预聚物。

客观而论，上述7种分类法除第3种和第5种分别按主链元素组成和化学结构分类外，其余分类方法均不够科学严谨。不仅如此，某些天然高分子经化学转化以后往往称为"半合成高分子"，也不为上述分类法所包括。随着合成和加工技术的不断改进，很多类型的聚合物经过不同的加工处理之后，可以具有完全不同的性能和用途，由此可见，按照材料用途分类的塑料、橡胶和纤维等类别并非绝对。尽管如此，作为高分子科学与材料专业工作者，应该对上述7种分类方法持有"全面了解和重点掌握"的态度。

（二）高分子材料的命名

1."聚"+"单体名称"命名法

这是一种国内外均广泛采用的习惯命名法。通常情况下仅限用于烯类单体合成的加聚物，以及个别特殊的缩聚物。采用该方法命名一般取代烯烃的加聚物非常简单。

不过必须特别提醒：该方法一般情况下不得用于命名缩聚物。

2."单体名称"+"共聚物"命名法

该方法仅适用于命名由两种及以上的烯类单体合成的加聚共聚物，而不得用于两种及以上单体合成的混缩聚物和共缩聚物。

3."单体简称"+"聚合物用途"或"物性类别"命名法

分别以"树脂""橡胶"和"纶"作为三大合成材料塑料、橡胶和纤维的后缀，前面再冠以单体的简称或者聚合物的全称即可。现将这三种类别分别叙述如下。

（1）树脂类。

"树脂"一词本源于特指某些树种树干分泌出的胶状物，目前在高分子领域已被用来泛指未添加助剂的各种聚合物粉粒状母料，如"聚苯乙烯树脂""聚氯乙烯树脂"等。

第一种情况。对于两种及两种以上单体的混缩聚物，取"单体简称"+"树脂"。

第二种情况。对于两种及两种以上单体的加聚共聚物，通常取单体英文名称首个字母，再加上"树脂"即可。

（2）橡胶类。多数合成橡胶是一种或两种取代烯烃的加聚物，命名时在单体简称后面加上"橡胶"即可。如果是一种单体的均聚物，两个字既可能均取自单体名称，也可能其中一字取自聚合反应所用的引发剂或催化剂名称。

（3）纶类。虽然"纶"的本意系特指已经纺制成为纤维性状的聚合物，不过有时也可以用来命名那些主要用于纺制纤维的原料聚合物，如纺制涤纶的原料——聚对苯二甲酸乙二醇酯，纺制腈纶的原料——聚丙烯腈。

4.化学结构类别命名法

该命名法广泛用于种类繁多的缩聚物，要求重点掌握。其要点是采用与其结构相对应的有机化合物结构类别，再冠以"聚"（如聚酯、聚酰胺等）即可。不过，既然要求聚合物的名称一定要反映其与单体之间的联系，就必须具体标注该聚合物是由何种单体二元酸（酰）与何种单体二元醇所生成的"酯"。

事实上，按照该方法命名多数聚酰胺的全名称都显得过于冗长，所以商业上和学术专著中通常使用其英文商品名称"nylon"的音译词"尼龙"作为聚酰胺的通称。为了体现聚合物与单体之间的关系，须在结构类别"尼龙"之后，依次标注原料单体"二元胺"和"二元酸"的碳原子数。这里需要特别强调："胺前酰后"乃是"尼龙"后面单体碳原子数排列约定俗成的规范。这与有机化合物酰胺的"酰前胺后"的中文字序恰恰相反。

5.IUPAC系统命名法

该命名法与有机化合物系统命名法相似，其要点包括以下几点。

①确定大分子的重复结构单元；

②将重复单元中的次级单元即取代基按照由小到大、由简单到复杂的顺序进行书写；

③命名重复单元并在其前面冠以"聚"字即完成命名。

第二节 高分子材料的合成原理及方法

一、逐步聚合反应

逐步聚合反应在高分子合成工业中占有十分重要的地位。除聚烯烃外，绝大多数高分子材料都是采用逐步聚合反应合成的，如常见的酚醛树脂、环氧树脂、脲醛树脂、尼龙、聚酯等。一些高强度、高模量、耐高温综合性能好的工程塑料，例如聚碳酸酯、聚苯醚、聚砜、聚酰亚胺等也都是通过逐步聚合反应制备的。

（一）逐步聚合反应的类型及特点

逐步聚合反应大致可以分为下列几种类型。

1. 缩合聚合反应（缩聚反应）

缩合聚合反应简称缩聚反应，是缩合反应经多次重复形成聚合物的过程。缩聚反应与缩合反应相似，为官能团之间的反应，反应过程有小分子副产物脱除，且大多数是可逆反应。缩聚反应是逐步聚合反应中最重要的一类反应，许多重要高分子材料的合成都属于缩聚反应。由缩合反应发展到缩聚反应，最重要的变化是能够参加反应的官能团的数目（称为官能度）的变化。

根据缩聚反应的热力学特征，缩聚反应又可分为可逆（平衡）缩聚反应与不可逆（非平衡）缩聚反应。缩聚反应不同程度上都存在逆反应，平衡常数小于 10^3 的缩聚反应，聚合时必须充分除去小分子副产物，才能获得相对分子质量较高的聚合产物，通常称为可逆缩聚反应，如由二元醇与二元羧酸合成聚酯、二元胺与二元羧酸合成聚酰胺的反应。平衡常数大于 10^3 的缩聚反应，官能团之间的反应活性非常高，聚合时几乎不需要除去小分子副产物，且可获得相对分子质量高的聚合物，如由二元酰氯与二元胺生成聚酰胺的反应。

根据缩聚反应的实施方法，缩聚反应包括熔融缩聚、溶液缩聚、界面缩聚和固相缩聚，其中熔融缩聚和溶液缩聚的应用最为广泛。

2. 逐步加成反应（聚加成反应）

逐步加成反应的每一步都是官能团间的加成反应，反应过程中没有小分子副产物析出。用逐步加成反应制备的最具代表性的高分子材料是聚氨酯。聚氨酯的性能可以在非常大的范围内调整，例如，有聚氨酯弹性体、塑料、涂料、黏合剂及聚氨酯纤维等。因此，逐步加成反应在工业上非常重要。

3. 开环逐步聚合反应

由环状单体通过环的打开而形成聚合物的过程称为开环聚合。例如，环氧乙烷、环氧丙烷、ε-己内酰胺的开环聚合。开环聚合往往具有逐步的性质，即聚合物的相对分子质量随着反应时间的延长而缓慢增大而不是瞬间形成大分子，但链增长过程是增长链末端与单体分子反应的结果，这又与链式聚合过程相似。

（二）线型缩聚反应

能够进行缩聚反应的单体的数目及种类非常多，缩聚反应是逐步聚合反应的主要反应类型。因此，描述逐步聚合反应的机理及特点时，通常给出的是缩聚反应的机理和特点。实际上，聚加成反应和逐步开环聚合反应的聚合机理与缩聚反应过程并不相同。

缩聚反应机理有下列特点。

① 缩聚过程中不存在所谓的活性中心，带不同官能团的任何两个分子都能相互反应，各步反应的速率常数及活化能基本相同；

② 聚合早期，单体迅速消失，转变成二聚体、三聚体等相对分子质量低的聚合物；

③ 以后的聚合反应主要在低聚物之间进行，随着聚合过程的进行，相对分子质量逐渐增大，相对分子质量分布也较宽（各种大小的分子都有）。延长聚合反应时间的主要目的是提高聚合物相对分子质量而不是提高单体转化率。

二、自由基聚合反应

链式聚合反应是合成高分子化合物的一类重要聚合反应。合成高分子材料中以自由基链式聚合反应合成的聚合物约占整个合成聚合物品种的60%，是一类非常重要的聚合反应。高压聚乙烯、聚氯乙烯、聚苯乙烯、聚四氟乙烯、聚乙酸乙烯、聚甲基丙烯酸甲酯、聚丙烯腈、丁苯橡胶、丁腈橡胶、ABS树脂等，都是通过自由基聚合得到的。

（一）自由基聚合机理分析

1.自由基的产生

在原子、分子或离子中，只要有未成对的电子存在，都叫自由基。自由基是由共价键发生均裂反应产生的。均裂时，两个原子间的共用电子对均匀分裂，两个原子各保留一个电子，形成具有不成对电子的原子或原子团，即自由基（或游离基）。

若发生异裂反应，则两原子间的共用电子对完全转移到其中的一个原子上，结果产生带正电荷或带负电荷的离子。共价键究竟是发生均裂反应还是异裂反应取决于共价键的种类。通常情况下，键强度较低的非极性共价键易于发生均裂反应，而极性共价键易于发生异裂反应。如过氧键RO—OR是一种强度较低的非极性共价键，易于均裂产生自由基。

由于过氧键中的两个氧原子分别带有部分负电荷，偶极相斥的结果造成过氧键的键能较低，易于均裂，产生自由基。有很多方法可以生成自由基，在聚合反应中应用较多的是热解、氧化还原反应、光解、辐射等方法。

2.自由基的反应性

自由基是一种非常活泼的物质，通常称作活性中间体。自由基一经产生便迅速地反应，很难单独、稳定地存在。未成对电子有强烈获取电子的倾向，这是自由基极其活泼的原因，自由基中心原子的种类及与中心原子相连的取代基的性质都将对自由基的反应活性产生很大的影响。

取代基主要通过共轭效应、极性效应和空间位阻效应影响自由基的活性。共轭或超共轭作用使未成对电子的电子云密度下降（电子被分散到中心原子以外的其他原子上），自由基的活性降低，稳定性增加。同理，当取代基的吸电子效应增加时，自由基的活性下降，稳定性增加。取代基的空间位阻将阻碍自由基与其他物质反应，使自由基的活性下降，甚至成为稳定存在的自由基，像三苯甲基自由基，可长期稳定存在。

3. 自由基聚合机理

（1）链引发反应。由初级自由基与单体反应形成单体自由基的过程称为链引发反应。可以采用引发剂引发、热引发、光引发、辐射引发等方式产生自由基。以引发剂引发为例，链引发反应分为两步：第一步，引发剂 I 分解，形成初级自由基 R·；第二步，初级自由基与单体 M 加成，形成单体自由基 M·；引发剂分解反应速率是整个链引发反应速率的控制步骤。引发剂分解反应的活化能为 $100 \sim 170 kJ/mol$，初级自由基与单体反应的活化能为 $20 \sim 34 kJ/mol$ 通常，初级自由基一经形成便迅速与单体反应形成单体自由基，但有时由于体系中存在某些杂质，或因其他一些因素（如单体不够活泼），反应初期形成的初级自由基在与单体反应前，有可能发生一些副反应而失去活性，待杂质消耗尽后，反应又继续进行，即存在所谓的诱导期。

（2）链增长反应。链引发反应形成的单体自由基可与第二个单体发生加成反应形成新的自由基。这种加成反应可以一直进行下去，形成越来越长的链自由基。这一过程称为链增长反应。

链增长反应通常为自由基的加成反应，此时双键中的 π 键打开，形成一个 σ 键，因此是放热反应，链增长反应的活化能为 $20 \sim 34 kJ/mol$。因此，链增长反应速率极快，一般在 0.01s 至几秒内即可使聚合度达到几千，甚至上万，在反应的任一瞬间，体系中只存在未分解的引发剂、未反应的单体和已形成的大分子，不存在聚合度不等的中间产物。链增长反应是形成大分子链的主要反应，同时决定分子链上重复单元的排列方式。单体与链自由基反应时，可以从两个方向连接到分子链上：头—尾键接和头—头键接。试验发现，以头—尾连接方式为主。

按头—尾形式连接时，取代基与自由基中心原子连在同一碳原子上，可以通过共轴效应、超共轭效应使新产生的自由基稳定，因而容易生成。而按头—头形式连接时，无共轭效应，自由基不太稳定。两者活化能差 $34 \sim 42 kJ/mol$，因此，有利于头—尾连接。显然，对于共轭稳定较差的单体或在较高温度下聚合，头—头结构将增多。如乙酸乙烯酯，头—头结构由 $-30℃$ 时的 0.3% 上升到 $70℃$ 时的 1.6%；另外，链自由基与不含取代基的亚甲基一端相连，空间位阻较小，有利于头—尾连接。从立体结构看，自由基聚合时，分子链上取代基在空间的排布是无规的，因此，自由基聚合产物往往是无定型的。

（3）链终止反应。链自由基活性中心消失，生成稳定大分子的过程称为链终止反应。

终止反应绝大多数为两个链自由基之间的反应，也称双基终止。链终止反应非常迅速，反应的结果是两个链自由基同时消失，体系自由基浓度降低。双基终止分为偶合终止和歧化终止两类。两个链自由基的单电子相互结合形成共价键，生成一个大分子链的反应称为偶合终止。一个链自由基上的原子（通常为自由基的β氢原子）转移到另一个链自由基上，生成两个稳定的大分子的反应称为歧化终止。偶合终止和歧化终止分别对应于自由基的偶合反应和歧化反应。偶合终止的结果，大分子的聚合度约为链自由基重复单元数的两倍；歧化终止的结果，虽聚合度不改变，但其中一条大分子链的一端为不饱和结构。从能量角度看，偶合终止为两个活泼的自由基结合成一个稳定的分子，反应活化能低，甚至不需要活化能；歧化反应涉及共价键的断裂，反应活化能较偶合终止高一些。因此，高温时有利于歧化终止反应发生，低温时有利于偶合终止反应发生。链自由基的结构也对其终止方式产生影响，共轭稳定的自由基，如苯乙烯自由基，较易发生偶合终止反应；空间位阻较大的自由基，如甲基丙烯酸甲酯自由基，较易发生歧化终止反应。

除了双基终止，在某些聚合过程中，也存在一定量的单基终止。对于均相聚合体系，双基终止是最主要的终止方式，但随着单体转化率的增加，单基终止反应随之增加，甚至成为主要终止方式。所谓单基终止是指链自由基与某些物质（不是另外一个链自由基），如链转移剂、自由基终止剂，反应失去活性的过程。另外，聚合方式也影响终止方式的选择性，沉淀聚合、乳液聚合较难发生双基终止。

由于链终止反应的活化能（8～21kJ/mol，甚至不需要活化能）低于链增长反应的活化能（20～34kJ/mol），所以链终止反应速率常数比链增长反应速率常数高3～4个数量级，似乎难以得到相对分子质量高的聚合物。实际上，自由基聚合反应通常可以得到相对分子质量巨大的聚合物，原因是聚合物的相对分子质量取决于链增长反应速率与链终止反应速率的相对大小，当体系中不存在链转移反应时，聚合度等于链增长反应速率与链终止反应速率的比值。

（4）链转移反应。在聚合过程中，链自由基除与单体进行正常的聚合反应外，还可能从单体、溶剂、引发剂或已形成的大分子上夺取一个原子而终止，同时使被抽取原子的分子转变成为新的自由基，该自由基能引发单体聚合，使聚合反应继续进行，这种反应称为链转移反应。链转移反应并不改变链自由基的数目，仅是活性中心转移到另一个分子、原子或基团上，并形成新的活性链，通常也不影响聚合速率，而是降低了聚合度，改变了相对分子质量和相对分子质量分布。链自由基与单体、溶剂、引发剂或已形成的大分子之间的链转移反应是自由基聚合过程中常见的转移反应。

4. 自由基聚合反应特征

自由基聚合反应特征可概括为以下几点。

① 自由基聚合是一种链式聚合反应。根据反应机理，自由基聚合反应可以概括为慢引发、快增长、速终止、有转移。

② 引发反应速率最小，是聚合反应速率的控制步骤。

③ 只有链增长反应才使聚合度增加。在聚合反应中单体自由基一旦形成，则迅速与单

体加成使链增长。链增长速率极快，在极短的时间内就可形成相对分子质量高的聚合物，反应体系仅由单体、相对分子质量高的聚合物及浓度极小的活性链组成。

④在聚合过程中，单体浓度逐渐减小，单体转化率随反应时间而逐渐增加，聚合度或聚合物的平均相对分子质量与反应时间基本无关。

⑤少量阻聚剂足以使自由基聚合反应终止。因此，自由基聚合要求用高纯度的单体。

（二）自由基聚合引发反应

引发剂引发、热引发、光引发、高能辐射引发、等离子体引发等方法是自由基聚合反应通用的引发方法，其中引发剂引发在工业上应用最广泛。

三、阳离子聚合反应

离子型聚合反应是合成高分子化合物的重要反应。离子型聚合反应属链式聚合反应，活性中心是离子。根据中心离子所带电荷不同，可分为阳离子聚合反应和阴离子聚合反应。聚异丁烯、聚甲醛、聚环氧乙烷、SBS热塑性弹性体等都是用离子型聚合反应合成的。

（一）阳离子聚合的单体

能进行阳离子型聚合反应的单体有烯类化合物、醛类、环醚及环酰胺等。不同单体进行阳离子型聚合反应的活性不同。这里主要讨论烯类单体。

具有推电子取代基的烯类单体原则上都可进行阳离子聚合。推电子取代基使C=C电子云密度增加，有利于阳离子活性种的进攻；还使生成的碳阳离子电荷分散而稳定。

乙烯无侧基，双键上电子云密度低，且不易极化，对阳离子活性种亲和力小。因此，难以进行阳离子聚合。丙烯、丁烯上的甲基、乙基是推电子基，双键电子云密度有所增加，但一个烷基供电不强，聚合增长速率并不太快，生成的碳阳离子是二级碳阳离子，电荷不能很好地分散，不够稳定，容易发生重排等副反应，生成更稳定的三级碳阳离子。

（二）阳离子聚合引发体系

阳离子聚合所用引发剂都是亲电试剂。常用的阳离子聚合反应引发剂包括质子酸和阳离子源/路易斯（Lewis）酸为基础的引发体系。

1.质子酸

常用的质子酸有H_2SO_4、HCl、HBr、$HClO_4$、Cl_3CCOOH及HF等，其中最常用的是H_2SO。

质子酸在溶剂作用下，电离成H^+离子与酸根阴离子，H^+离子与烯烃双键加成形成单体阳离子，酸根阴离子则作为反离子（或抗衡离子）存在。

在水中为强酸的物质，如氢卤酸，在非极性溶剂中，由于酸根阴离子的亲核性过强，引发阳离子聚合反应时只能得到低分子产物，作汽油、柴油、润滑油等用。在强极性介质中，酸根阴离子由于溶剂化，不易链终止，可以得到相对分子质量较高的聚合物。

2.阳离子源/路易斯（Lewis）酸为基础的引发体系

一些缺电子物质，尤其是弗里德尔-克拉夫特（Friedel-Crafts）催化剂，如 BF_3、$AlCl_3$、$SnCl_4$、$SnCl_2$、$SbCl_3$、$ZnCl_2$、$TiCl_4$ 等通常被称为路易斯（Lewis）酸。阳离子源/路易斯（Lewis）酸为基础的引发体系是一类最重要的阳离子聚合引发剂。阳离子源（可生成阳离子的化合物）主要有水、有机酸、醇、醚、卤代烷等。

路易斯（Lewis）酸必须与阳离子源共同作用才能有效引发聚合，通常把路易斯（Lewis）酸称作引发剂，阳离子源称作共引发剂或助引发剂。引发剂和共引发剂的不同组合、比例都将影响引发体系的活性。多数情况下，引发剂和共引发剂于某一特定比例时聚合活性最大，聚合反应速率出现最高点。共引发剂用量往往很少，通常仅占引发剂用量的百分之几至千分之几，用量过多反而会阻止或抑制聚合反应进行。

（三）阳离子聚合反应机理

1.链引发

以 H_2O/路易斯（Lewis）酸引发体系引发异丁烯的阳离子聚合为例。链引发由路易斯（Lewis）酸与共引发剂 H_2O 作用生成络合物产生阳离子，然后单体与阳离子反应生成单体阳离子。

阴离子作为反离子与阳离子构成离子对，根据所用溶剂极性不同，离子对的紧密程度不同。

2.链增长

离子对与单体发生连续的亲电加成反应使链增长。

链增长反应有如下几个特点。

①反应速度快、增长活化能低（ E_p=8.4～21kJ/mol ）。

②多种活性中心（紧密离子对、溶剂隔离离子对、溶剂化自由离子）同时增长，相对分子质量分布宽。

③离子对的存在使链增长末端是不自由的，单体往往以头—尾方式连续插入离子对中，对链段结构有一定的控制能力，因此，聚合产物的立构规整性比自由基聚合高。

④链增长过程中有时伴有分子内重排等副反应，造成异构化。有时可以利用异构化反应制备特殊结构的聚合物，称为异构化聚合。由于异构化反应大多是通过氢离子转移实现的，因此又称氢转移聚合。

3.链转移与链终止

离子聚合的链增长活性中心带有相同电荷，不能双基终止，只能单基终止。

（1）向单体转移终止。链增长活性中心向单体转移的结果是，链增长末端变为不饱和结构而终止，同时产生新的单体阳离子。

（2）向反离子转移终止。增长活性中心向反离子转移终止的结果，链增长末端变为不饱和结构而终止，同时，产生引发剂/共引发剂络合物，可以再引发聚合。因此，动力学链并不终止，仅相对分子质量降低。

（3）与反离子结合终止。当反离子的亲核性较大时，链增长活性中心与反离子结合，形成共，价键而终止。此时动力学链终止，活性中心浓度降低。

（4）与反离子碎片结合终止。动力学链终止，活性中心浓度降低。

（5）外加终止剂终止。外加终止剂终止是阳离子聚合主要的终止方式，虽然本质上仍然是活性链向终止剂转移终止，但新产生的离子没有引发能力，无法形成新的动力学链。

终止剂通常是水、醇、醚、胺等物质，用量极少时是共引发剂，用量大时是终止剂。

四、阴离子聚合反应

（一）阴离子聚合的单体

能够进行阴离子聚合反应的单体与能够进行阳离子聚合反应的单次相反。以烯类单体为例，带有吸电子取代基的烯类单体往往可以发生阴离子聚合反应，比如丙烯腈、甲基丙烯酸甲酯、硝基乙烯、二氯乙烯等。阴离子聚合反应的活性中心为带负电荷的物种，具有亲核性，吸电子取代基能使双键上电子云密度降低，使$C=C$带有一定的正电性，即具有亲电性。因此，有利于亲核性的阴离子进攻。吸电子取代基还将使形成的碳阴离子的负电荷分散而稳定。

具有 $\pi-\pi$ 共轭体系的非极性单体既能进行阳离子聚合反应又能进行阴离子聚合反应，还可以进行配位聚合反应及自由基聚合反应，如苯乙烯、丁二烯、异戊二烯等。极性单体丙烯腈、甲基丙烯酸甲酯、丙烯酸甲酯、硝基乙烯也存在 $\pi-\pi$ 共轭体系，但由于取代基较强的吸电子效应，这类单体不能进行阳离子聚合。

甲醛可以进行阴、阳离子聚合。环氧乙烷、环氧丙烷、己内酰胺可以进行阴离子聚合。

（二）阴离子聚合引发体系

各种亲核试剂（给电子体），如碱金属、金属氨基化合物、金属烷基化合物、烷氧基化合物、氢氧化物、吡啶、水都可以作为阴离子聚合反应的引发剂。

1.电子转移引发体系

锂、钠、钾等碱金属，容易失掉最外层的一个电子，将电子转移给单体或其他物质使其成为阴离子，从而引发聚合。

电子直接转移引发：碱金属直接将电子转移给单体，形成自由基阴离子，两个自由基阴离子发生自由基偶合反应形成双阴离子，双阴离子引发单体聚合。

由于碱金属一般不溶于单体和溶剂，电子直接转移引发多为非均相过程，引发剂利用率不高。

电子间接转移引发：碱金属将电子转移给某种物质，携带电子的物质（通常称作中间体）再把电子转移给单体，形成自由基阴离子，继而引发聚合。最典型的电子间接转移引发反应为在四氢呋喃（THF）溶剂中，钠与萘构成的自由基阴离子中间体（萘基钠）引发苯乙烯聚合的反应，在适当的溶剂中，钠很容易与萘反应生成萘基钠，并得到均相溶液体系，提高了碱金属的利用率。萘基钠引发体系引发苯乙烯等非极性单体聚合时，由于不存在链转移和链终止等副反应，使该引发体系成为典型的活性阴离子聚合引发体系。

2.有机金属化合物引发体系

这类引发剂主要有金属氨基化合物、金属烷基化合物、格利雅试剂等。常见的金属氨基化合物有 $NaNH_2$—NH_3（液态氨）、KNH_2—NH_3（液态氨）体系。

常用的金属烷基化合物为正丁基锂 C_4H_9Li，其特点是能溶于非极性的烃类溶剂，如苯、甲苯、己烷、环己烷等，聚合反应是均相的，并可以用来引发多种烯烃聚合。正丁基锂引发剂的另一个特点是在非极性溶剂中表现出强烈的缔合现象，缔合的结果使聚合速率显著降低，但所得聚合产物的立构规整性增加了。在极性溶剂中或通过在非极性溶剂中添加路易斯（Lewis）碱可以使烷基锂的缔合度降低，甚至完全解缔合。

（三）影响阴离子聚合的因素

1.温度的影响

一般情况下，阴离子聚合链增长活化能为较小的正值，如聚苯乙烯基钠在 THF 中的链增长活化能为 16.6kJ/mol（自由离子）~ 36kJ/mol（紧密离子对）。因此，聚合反应速率对温度不敏感，随着温度的升高，略有增加。由于温度影响各种离子对形式的共存平衡，在各种离子对形式共存的体系中，则链增长活化能（表观活化能）随温度变化而变化，可以是负值，随温度升高聚合反应速率降低。

2.溶剂的影响

与阳离子聚合相似，极性溶剂使松散离子对及自由离子浓度增大，将使聚合反应速率增大。

五、高分子材料的合成方法

高分子材料的合成方法或聚合实施方法是实现聚合反应的重要方面，链式聚合反应采用的方法主要有本体聚合、悬浮聚合、乳液聚合和溶液聚合。自由基聚合可以采用这四种方法中的任何一种，离子聚合通常采用溶液聚合的方法，配位聚合可以采用本体聚合和溶液聚合。逐步聚合采用的主要方法有熔融缩聚、溶液缩聚、界面缩聚和固相缩聚。这里仅介绍链式聚合实施方法。

（一）本体聚合法

不加其他介质，只有单体、引发剂或催化剂参加的聚合反应过程称为本体聚合。本体聚合的特点是不需要溶剂回收和精制工序，后处理简单，产品纯净，适合于制作板材、型材等透明制品。自由基聚合、配位聚合、离子聚合和缩聚反应都可选用本体聚合。链式聚合反应进行本体聚合时，由于反应热瞬间大量释放，且随聚合过程的进行，体系黏度大大增加，致使散热变得更加困难，故易产生局部过热，产品变色，甚至爆聚。如何及时排除反应热，是生产中的关键问题。

已工业化的本体聚合方法有：苯乙烯液相均相本体聚合（自由基聚合）、乙烯高压气相非均相本体聚合（自由基聚合）、乙烯低压气相非均相本体聚合（配位聚合）、丙烯液相淤浆本体聚合（配位聚合）、甲基丙烯酸甲酯液相均相本体浇铸聚合（自由基聚合）、氯乙烯液相非均相本体聚合（自由基聚合）等。

（二）悬浮聚合法

悬浮聚合又称珠状聚合，是指在分散剂存在的条件下，经强烈机械搅拌使液态单体以微小液滴状分散于悬浮介质中，在油溶性引发剂引发下进行的聚合反应。悬浮介质通常是水，进行悬浮聚合的单体应呈液态或加压下呈液态且不溶于水（悬浮介质）。悬浮聚合产物可以是透明的小圆珠，也可以是无规则的固体粉末。当聚合物与单体互溶时，聚合产物就呈珠状，如苯乙烯、甲基丙烯酸甲酯的聚合产物。当聚合物与单体不互溶时，聚合产物就是无规则的固体粉末，如氯乙烯的聚合产物。

悬浮聚合过程中，选择适当的分散剂及强烈的机械搅拌是非常重要的，直接影响悬浮聚合反应能否进行（分散剂选择不当将产生聚合物结块、聚合热无法及时排除等生产事故）及产物的性能，如疏松程度、粒径分布等。

（三）乳液聚合法

单体在乳化剂作用下，在水中分散形成乳状液，然后进行的聚合称为乳液聚合。分散成乳状液的单体，其液滴的直径仅在 $1\sim10\mu m$ 范围内，比悬浮聚合的单体液滴小很多。单体聚合后形成的聚合物则以乳胶粒的状态存在。乳液体系比悬浮体系稳定得多。因此，乳液聚合后需进行破乳，才能将聚合产物与水分离，而悬浮聚合仅需简单过滤即可将聚合产物与水分离。

乳液聚合体系中存在各种组分：胶束，平均每毫升乳液有 $10^{17\sim18}$ 个胶束，单体存在胶束中（增溶胶束）；存在于水中的水溶性引发剂分子；单体液滴，平均每毫升乳液有 $10^{10\sim12}$ 个单体液滴，直径大于1000nm；溶解于水中的单体分子、游离的乳化剂分子。

若聚合发生在单体液滴中，称为液滴成核；若聚合发生在增溶胶束中，则称为胶束成核；若聚合发生在溶解于水中的单体分子处，则称为水相成核。乳液聚合机理认为聚合场所与单体的水溶性有关，若单体有强的疏水性，则聚合主要发生在增溶胶束中，即为胶束成核。若单体在水中有一定的溶解度，则可能以水相成核为主。

（四）溶液聚合法

单体溶解在溶剂中进行的聚合称为溶液聚合。聚合产物能溶解在溶剂中时称为均相溶液聚合，聚合产物不能溶解在溶剂中时称为非均相溶液聚合。由于溶剂的存在，溶液聚合的反应热能够及时地排除，减少了局部过热现象，反应易控制。溶液聚合尤其适用于离子聚合与配位聚合。因为，用于离子聚合与配位聚合的催化剂通常要在特定的溶剂中才有催化活性。溶液聚合最大的弊端是增加了溶剂的分离、回收工序，增加了聚合操作的不安全性（溶剂毒性造成），增大了生产成本。

（五）新合成方法及技术

如何及时排除聚合反应热和处理高黏度的聚合物体系，一直是聚合实施过程的主要问题，新的聚合实施技术一直在开发研究中。例如，在螺杆挤出机中进行的本体均聚合和本体共聚合将使橡胶的本体聚合成为可能（通常只能用溶液聚合、乳液聚合方法合成橡胶）。泡沫体系分散聚合在处理水溶性单体在高浓度、溶胶、凝胶、淤浆分散体系聚合方面有非常独到之处。泡沫体系分散聚合是用体系产生的或外部通入的气体（如 N_2、CO_2）将单体和聚合产物分隔成无数细小的泡沫表面膜，从而排除聚合反应热的聚合过程。因此，可以有效地处理高浓度体系聚合反应热的释放问题。

第三节　高分子材料的结构与性能

一、高分子链的近程结构

近程结构是指大分子中与结构单元相关的化学结构，包括构造与构型两部分。构造是指结构单元的化学组成、键接方式及各种结构异构体（支化、交联、互穿网络）等；构型是指分子链中由化学键所固定的原子在空间的几何排列。近程结构属于化学结构，不通过化学反应，近程结构不会发生变化。

（一）结构单元的化学组成

高分子链的结构单元或链节的化学组成，由参与聚合的单体化学组成和聚合方式决定。按主链化学组成的不同，高分子可分为碳链高分子、杂链高分子和元素有机高分子。需要指出的是，除主链结构单元的化学组成外，侧基和端基的组成对高分子材料性能的影响也相当突出。例如，聚乙烯是塑料，而氯磺化聚乙烯成为一种橡胶材料。聚碳酸酯的羟端基和酰氯端基都会影响材料的热稳定性，若在聚合时加入苯酚类化合物进行"封端"，体系热稳定性显著提高。

（二）结构单元的键接方式

键接方式是指结构单元在分子链中的连接形式。由缩聚或开环聚合生成的高分子，其结构单元键接方式是确定的。但由自由基或离子型加聚反应生成的高分子，结构单元的键接会因单体结构和聚合反应条件的不同而出现不同方式，对产物性能有重要影响。

结构单元对称的高分子，如聚乙烯，结构单元的键接方式只有一种。带有不对称取代基的单烯类单体（CH$_2$=CHR）聚合生成高分子时，结构单元的键接方式则可能有头—头、头—尾、尾—尾三种不同方式：

这种由键接方式不同而产生的异构体称顺序异构体。由于 R 取代基位阻较高，头—头键接所需能量大，结构不稳定，故多数自由基或离子型聚合生成的高分子采取头—尾键接方式，其中夹杂有少量（约1%）头—头或尾—尾键接方式。有些高分子，形成头—头键接方式的位阻比形成头—尾键接方式要低，则头—头键接方式的含量较高，如来偏氟乙烯中，头—头键接方式含量可达8%。

双烯类单体聚合生成高分子，其结构单元键接方式更加复杂。首先，因双键打开位置不同而有1,4-加聚、1,2-加聚或3,4-加聚等几种方式。对1,2-加聚或3,4-加聚产物而言，键接方式又都有头—尾键接和头—头键接之分；对于1,4-加聚的聚异戊二烯，因主链中含有双键，又有顺式和反式几何异构体之分。

结构单元的键接方式可用化学分析法、X射线衍射法、核磁共振法测量。键接方式对高分子材料物理性质有明显影响，最显著的影响是不同键接方式使分子链具有不同的结构规整性，从而影响其结晶能力，影响材料性能。如用作纤维的高分子，通常希望分子链中结构单元排列规整，使结晶性好、强度高，便于拉伸抽丝。用聚乙烯醇制造维尼纶（聚乙烯醇缩甲醛）时，只有头—尾连接的聚乙烯醇才能与甲醛缩合而生成聚乙烯醇缩甲醛，头—头连接的羟基就不能缩醛化。这些不能缩醛化的羟基，将影响维尼纶纤维的强度，增加纤维的缩水率。

（三）结构单元的立体构型

构型是指分子链中由化学键所固定的原子在空间的几何排列。这种排列是化学稳定的，要改变分子的构型必须经过化学键的断裂和重建。由构型不同而形成的异构体有两类：旋光异构体和几何异构体。所谓旋光异构，是指饱和碳氢化合物分子中由于存在有不同取代基的不对称碳原子 C*，形成两种互成镜像关系的构型，表现出不同的旋光性。这两种旋光性不同的构型分别用 d 和 l 表示。

双烯类单体1,4-加成聚合时，由于主链内双键不能旋转，故可以根据双键上基团在键两侧排列方式的不同，分出顺、反两种构型，称几何异构体。凡取代基分布在双键同侧者称顺式构型，在两侧者称反式构型。

具有完全同一种构型（完全有规或完全无规立构）的聚合物是极少见的，一般的情形是既有有规立构的短序列，也有无规立构的短序列。所以，表征一个聚合物的立构规整性，需要测定三个参数：立构规整度、立构类型及平均序列长度。测量方法有 X 射线衍射法、核磁共振法、红外光谱分析法。

大分子链的立构规整性对高分子材料的性能有很大的影响，例如，有规立构的聚丙烯容易结晶，熔融温度达175℃，可以纺丝或成膜，也可用作塑料；而无规立构聚丙烯呈稀软的橡胶状，力学性能差，是生产聚丙烯的副产物，多用作无机填料的改性剂、又如顺式1,4-聚丁二烯是一种富有高弹性的橡胶材料（顺丁橡胶），而反式1,4-聚丁二烯在常温下是弹性很差的塑料。

（四）分子链支化与交联

大分子除线型链状结构外，还存在分子链支化、交联、互穿网络等结构异构体支化与交联是由于在聚合过程中发生了链转移反应，或双烯类单体中第二双键活化，或缩聚过程中有三官能度以上的单体存在而引起的。

支化的结果使高分子主链带上了长短不一的支链。短链支化一般呈梳形，长链支化除梳形支链外，还有星形支化和无规支化等类型。

支链的长短同样对高分子材料的性能有影响。一般短链支化主要对材料的熔点、屈服强度、刚性、透气性以及与分子链结晶性有关的物理性能影响较大，而长链支化则对黏弹性和熔体流动性能有较大影响。

表征支化结构的参数有：支化度、支链长度、支化点密度等。聚乙烯的支化度可用红外光谱法通过测定端甲基浓度求得。

大分子链之间通过支链或某种化学键相键接，形成一个分子量无限大的三维网状结构的过程称交联（或硫化），形成的立体网状结构称交联结构。热固性塑料、硫化橡胶属于交联高分子，如硫化天然橡胶是聚异戊二烯分子链通过硫桥形成网状结构。交联后，整块材料可看成是一个大分子。交联高分子的最大特点是既不能溶解也不能熔融，这与支化结构有本质的区别。支化高分子能够溶于合适的溶剂，而交联高分子只能在溶剂中发生溶胀，其分子链间因有化学键联结而不能相对滑移，因而不能溶解，生橡胶在未经交联前，既能溶于溶剂，受热、受力后又变软发黏，塑性形变大，无使用价值；经过交联（硫化）以后，分子链形成具有一定强度的网状结构，不仅有良好的耐热、耐溶剂性能，还具有高弹性和相当的强度，成为性能优良的弹性体材料。

二、高分子链的远程结构

远程结构主要指高分子的大小（相对分子质量及相对分子质量分布）和大分子部分或整链在空间呈现的各种几何构象。

（一）相对分子质量和相对分子质量分布

高分子的相对分子质量有两个基本特点，一是相对分子质量大，二是相对分子质量具有多分散性。高分子由大小不同的同系物组成，其相对分子质量只有统计平均意义，根据统计平均方法不同，可有数均相对分子质量、重均相对分子质量和黏均相对分子质量等。

相对分子质量分布是指相对分子质量的多分散性程度，又称为多分散性系数（PDI）。

相对分子质量大小及其多分散性对高分子材料的性能有显著影响。一般而言，高分子材料的力学性能随相对分子质量的增大而提高。这里有两种基本情况：一是玻璃化转变温度、拉伸强度、密度、比热容等性能，提高到一定程度会达到一极限值；二是黏度、弯曲强度等性能，随相对分子质量增加而不断提高，不存在上述的极限值。

（二）高分子链的柔顺性

高分子链的柔顺性可以从静态柔顺性和动态柔顺性两方面来讨论。

1. 静态柔顺性

静态柔顺性又称平衡态柔顺性，指大分子链在热力学平衡条件下的柔顺性。此种柔顺性的大小由分子链单键内旋转的反式和旁式构象势能差与热运动动能之比 $\Delta U/(kT)$ 决定。也就是说，单键内旋转取反式或旁式构象的概率，在热力学平衡条件下取决于 $\Delta U/(kT)$ 之值。当温度 T 一定时，仅取决于 ΔU。ΔU 越小，反式与旁式构象出现的概率越相近，两者在分子链上无规排列，大分子链呈无规线团状，即柔顺性很好；反之较大，反式构象将占优势，大分子链呈伸展状态，柔顺性较差。

高分子链的平衡态柔顺性，通常用链段长度和均方末端距来表征。"链段"是一个统计概念，是指从分子链中划分出来的，可以任意取向的最小运动单元。大分子链中单键的内旋转是受阻的，但如果把若干个单键取作一个链段，把高分子视为由若干链段组成，只要每个链段中单键数目足够多，那么链段与链段之间的联结可看作是自由的，高分子链可视为以链段为运动单元的自由联接链。

链段长度可以表征分子链的柔顺性，链段越短，分子链柔顺性越好。假如所有单键原本都是自由联结的，链段长度就等于键长，这种高分子链为理想柔顺性链；假如分子链上所有单键都不允许内旋转，则链段长度等于整个分子链长度，这种高分子链为理想刚性链。实际上高分子的链段长度介于链节和分子长度之间，约包含几个至几十个结构单元。

分子链柔顺性也可用均方末端距表征。末端距。是指分子链两端点间的直线距离。均方末端距/也是一个统计概念，指末端距的平方按构象分布求统计平均值。可以想象，高分子链越柔顺，卷曲得越厉害，均方末端距就越小。根据对高分子单键连接和旋转的自由程度的不同假定，高分子链可分别假定为自由连接链、自由旋转链、受阻旋转链等。不同的分子模型因构象不同，均方末端距的统计计算值也不同。一种大分子链的本征均方末端距，需将其溶于恰当溶剂中由实验测得。

2. 动态柔顺性

动态柔顺性是指高分子链在一定外界条件下，从一种平衡态构象（比如反式）转变到另一种平衡态构象（比如旁式）的速度。

分子链的静态柔顺性和动态柔顺性是两个不同的概念。通常，我们所讨论的分子链柔顺性，一般是指静态柔顺性，当考虑高分子在加工条件下的黏性流动时，就需要考虑分子链动态柔顺性的影响。

三、高分子材料的力学性能

材料的力学性能通常可分为形变性能和断裂性能两类，形变性能又可分为弹性、黏性和黏弹性，断裂性能包括强度和韧性。为了合理地选择和使用高分子材料，为了实现现有高分子材料的改性和发展新型高分子材料，必须全面掌握高分子材料力学性能的一般规律，深入了解力学性能与分子结构之间的内在联系。

（一）高分子材料力学性能的基本指标

1. 应力和应变

当材料受到外力作用而又不产生惯性移动时，其几何形状和尺寸会发生变化，这种变化称为应变或形变。材料宏观变形时，其内部分子及原子间发生相对位移，产生分子间及原子间对抗外力的附加内力，达到平衡时，附加内力与外力大小相等，方向相反。定义单位面积上的内力为应力，其值与外加的应力相等。材料受力的方式不同，发生形变的方式亦不同。对于各向同性材料，有三种基本类型：简单拉伸、简单剪切与均匀压缩。

2. 弹性模量

弹性模量，常简称为模量，是单位应变所需应力的大小，是材料刚性的表征。模量的倒数称为柔量，是材料容易形变程度的一种表征。

3. 硬度

硬度是衡量材料表面抵抗机械压力的一种指标。硬度的大小与材料的抗张强度和弹性模量有关，所以，有时用硬度作为抗张强度和弹性模量的一种近似估计。

测定硬度有多种方法，按加荷方式分动载法和静载法两种。前者是用弹性回跳法和冲击力把钢球压入试样。后者是以一定形状的硬质材料为压头，平稳地逐渐加荷将压头压入试样。因压头形状和计算方法的不同又分为布氏、洛氏和邵氏法等。

4. 强度

（1）抗张强度。抗张强度亦称拉伸强度，是在规定的温度、湿度和加载速度下，在标准试样上沿轴向施加拉伸力直到试样被拉断为止。断裂前试样所承受的最大载荷 P 与试样截面积之比称为抗张强度。同样，若向试样施加单向压缩载荷则可测得压缩强度。

（2）抗弯强度。抗弯强度亦称挠曲强度，是在规定的条件下对标准试样施加静弯曲力矩，取直到试样折断为止的最大载荷。

（3）抗冲击强度。抗冲击强度亦简称抗冲强度或冲击强度，是衡量材料韧性的一种强度指标。通常定义为试样受冲击载荷而破裂时单位面积所吸收的能量。

（二）高分子材料的高弹性和黏弹性

高弹性和黏弹性是高分子材料最具特色的性质。迄今为止，所有材料中只有高分子材料具有高弹性。处于高弹态的橡胶类材料在小外力下就能发生100%～1000%的大变形，而且形变可逆，这种宝贵性质使橡胶材料成为国防和民用工业的重要战略物资。高弹性源自柔性大分子链因单键内旋转引起的构象熵的改变，又称熵弹性。黏弹性是指高分子材料同时既具有弹性固体特性，又具有黏性流体特性，黏弹性结合产生了许多有趣的力学松弛现象，如应力松弛、蠕变、滞后损耗等行为。这些现象反映高分子运动的特点，既是研究材料结构和性能关系的关键问题，又对正确而有效地加工、使用高分子材料有重要指导意义。

1. 高弹形变的特点

与金属、无机非金属材料的形变相比，高分子材料的典型高弹形变有以下几方面特点：

①小应力作用下弹性形变很大，如拉应力作用下很容易伸长，伸长率达100%～1000%（对比普通金属的弹性形变不超过1%）；弹性模量低，10^{-1}～10MPa（对比金属弹性模量，10^4～10^5MPa）。

②升温时，高弹形变的弹性模量与温度成正比，即温度升高，弹性应力也随之升高，而普弹形变的弹性模量随温度升高而下降。

③绝热拉伸（快速拉伸）时，材料会放热而使自身温度升高，金属材料则相反。

④高弹形变有力学松弛现象，而金属材料几乎无松弛现象。

高弹形变的这些特点源自发生高弹性形变的分子机理与普弹形变的分子机理有本质的不同。

2. 黏弹性

聚合物的黏弹性是指聚合物既有黏性又有弹性的性质，实质是聚合物的力学松弛行为。在玻璃化转变温度以上，非晶态线型聚合物的黏弹性表现最为明显。

对理想的黏性液体，即牛顿液体，其应力—应变行为遵从牛顿定律，$\sigma=\eta\gamma$。对虎克体，应力—应变关系遵从虎克定律，即应变与应力成正比：$\sigma=G\gamma$。聚合物既有弹性又有黏性，其形变和应力，或其柔量和模量都是时间的函数。多数非晶态聚合物的黏弹性都遵从Boltzman叠加原理，即当应变是应力的线性函数时，若干个应力作用的总结果是各个应力分别作用效果的总和。遵从此原理的黏弹性称为线性黏弹性。线性黏弹性可用牛顿液体模型及虎克体模型的简单组合来模拟。

（1）静态黏弹性。静态黏弹性是指在固定的应力（或应变）下形变（或应力）随时间延长而发展的性质。典型的表现是蠕变和应力松弛。

在温度、应变恒定的条件下，材料的内应力随时间延长而逐渐减小的现象称为应力松弛。线型聚合物的应力松弛现象可用Maxwell模型来形象地说明，它由一个胡克弹簧和一个牛顿黏壶串联而成。

在温度、应力恒定的条件下，材料的形变随时间的延长而增加的现象称为蠕变。对线型聚合物，形变可无限发展且不能完全回复，保留一定的永久形变。对交联聚合物，形变可达一平衡值。交联聚合物的蠕变可用Kelvin模型描述，它由一个胡克弹簧和一个牛顿黏壶并联而成，而线型聚合物的蠕变过程可用四元件模型来描述，它可以看作是Maxwell模型和Kelvin模型串联而成的。

（2）动态黏弹性。动态黏弹性是指在应力周期性变化作用下聚合物的力学行为，也称为动态力学性质。

聚合物在交变应力作用下形变落后于应力的现象称为滞后现象。由于滞后，在每一个循环中就有能量的损耗，称为力学损耗或内耗。

（三）高分子材料的断裂和强度

1.脆性断裂和韧性断裂

从材料的承载方式来分，高分子材料的宏观破坏可分为快速断裂、蠕变断裂（静态疲劳）、疲劳断裂（动态疲劳）、磨损断裂及环境应力开裂等多种形式。从断裂的性质来分，高分子材料的宏观断裂可分为脆性断裂和韧性断裂两大类。发生脆性断裂时，断裂表面较光滑或略有粗糙，断裂面垂直于主拉伸方向，试样断裂后，残余形变很小。韧性断裂时，断裂面与主拉伸方向多成45°角，断裂表面粗糙，有明显，的屈服（塑性变形、流动等）痕迹，形变不能立即恢复。

不同的高分子材料本征地具有不同的抗拉伸和抗剪切能力，定义材料的最大抗拉伸能力为临界抗拉伸强度 σ_{nc}；最大抗剪切能力为临界抗剪切强度 σ_{tc}。若材料的 $\sigma_{nc}<\sigma_{tc}$，则在外应力作用下，材料的破坏主要表现为以主链断裂为特征的脆性断裂，例如聚苯乙烯、丙烯腈－苯乙烯共聚物的 $\sigma_{nc}<\sigma_{tc}$，为典型脆性高分子材料。若材料的 $\sigma_{tc}<\sigma_{nc}$，应力作用下材料往往首先发生屈服，分子链段相对滑移，沿剪切方向取向，继之发生的断裂为韧性断裂，例如聚碳酸酯、聚醚砜、聚醚醚酮的 σ_{tc} 远小于 σ_{nc}，为典型的韧性高分子材料。

另外，高分子材料在外力作用下发生脆性断裂还是韧性屈服，还依赖于实验条件，主要是温度、应变速率和环境压力。从应用观点来看，希望高分子材料制品受外力作用时先发生韧性屈服，即在断裂前能吸收大量能量，以阻碍和防止断裂，而脆性断裂则是工程应用中需要尽力避免的。

2.理论强度和实际强度

理论强度是从化学结构可能期望的材料极限强度，由于高分子材料的破坏是由化学键断裂引起的。

实际上，高分子材料的强度比理论强度小得多，仅为几个到几十MPa。为什么实际强度与理论强度差别如此之大？研究表明，材料内部微观结构的不均匀和缺陷是导致强度下降的主要原因。实际高分子材料中总是存在这样那样的缺陷，如表面划痕、杂质、微孔、晶界及微裂纹等，这些缺陷尺寸很小但危害很大。实验观察到在玻璃态高分子材料中存在大量尺寸在100nm的孔穴，高分子材料生产和加工过程中又难免引入许多杂质和缺陷。在材料使用过程中，由于孔穴的应力集中效应，有可能使孔穴附近分子链承受的应力超过实际材料所受平均应力的几十倍或几百倍，以至达到材料的理论强度，使材料在这些区域首先破坏，继而扩展到材料整体。

影响高分子材料实际强度的因素包括相对分子质量、结晶度、晶粒尺寸、交联和取向等。为了提高高分子材料的力学强度，可通过填充、共混等复合方法，将增强材料加入高分子材料基体中，对高分子材料进行增强改性。

（四）高分子材料的抗冲击强度和增韧改性

1.高分子材料的抗冲击强度

高分子材料抗冲击强度是指标准试样受高速冲击作用断裂时，单位断面面积（或单位缺口长度）所消耗的能量。它描述了高分子材料在高速冲击作用下抵抗冲击破坏的能力，是衡量高分子材料韧性的一个重要指标。抗冲击强度的测试方法很多，应用较广的有摆锤式冲击试验、落锤式冲击试验和高速拉伸试验。经常使用的摆锤式冲击试验，根据试样夹持方式的不同，又分为悬臂梁式和简支梁式两种形式。

高分子材料拉伸应力－应变曲线下的面积相当于试样拉伸断裂所消耗的能量，也表征材料韧性的大小。它与抗冲击强度不同，但两者密切相关。很显然，拉伸强度 σ_b 高和断裂伸长率 ε_b 大的材料韧性也好，抗冲击强度大。不同之处在于，两种实验的应变速率不同，拉伸速率慢而冲击速率极快；拉伸曲线求得的能量为断裂时材料单位体积所吸收的能量，而冲击实验只关心断裂区表面吸收的能量。

冲击破坏过程虽然很快，但根据破坏原理也可分为三个阶段：一是裂纹引发阶段，二是裂纹扩展阶段，三是断裂阶段。三个阶段中材料吸收能量的能力不同，有些材料如硬质聚氯乙烯，裂纹引发能高而扩展能很低，这种材料无缺口时抗冲击强度较高，一旦存在缺口则极容易断裂。裂纹扩展是材料破坏的关键阶段，因此，材料增韧改性的关键是提高材料抗裂纹扩展的能力。

2.高分子材料的增韧改性

橡胶增韧塑料的效果是十分明显的。无论是脆性塑料或韧性塑料，添加几份到十几份橡胶弹性体，基体吸收能量的本领会大幅度提高尤其对脆性塑料，添加橡胶后基体会出现典型的脆－韧转变。橡胶增韧塑料的经典机理认为，橡胶粒子能提高脆性塑料的韧性，是因为橡胶粒子分散在基体中，形变时成为应力集中体，能促使周围基体发生脆－韧转变和屈服。屈服的主要形式有：引发大量银纹（应力发白）和形成剪切屈服带，吸收大量变形能，使材料韧性提高。剪切屈服带还能终止银纹，阻碍其发展成破坏性裂缝。

橡胶增韧塑料虽然可以使塑料基体的抗冲击强度大幅提高，但同时也伴随产生一些问题，主要问题有增韧同时使材料强度下降，刚性变弱，热变形温度下降及加工流动性变劣等。

由橡胶增韧塑料机理，增韧过程中体系吸收能量的本领提高，不是因为橡胶类改性剂吸收了很多能量，而是由于在受力时橡胶粒子成为应力集中体，引发塑料基体发生屈服和脆－韧转变，使体系吸收能量的本领提高。这一机理给我们启发，说明增韧的核心关键是如何诱发塑料基体屈服，发生脆—韧转变，无论是添加弹性体或是非弹性体，甚或添加空气（发泡）作为改性剂，只要能达到这个目的都应能实现增韧。基于此，塑料的非弹性体增韧改性逐渐发展起来，目前主要的非弹性体增韧改性塑料主要采用刚性有机填料和刚性无机填料两类。

采用刚性有机填料增韧改性时，要求基体有一定的韧性，易于发生脆—韧转变，不能是典型脆性塑料；增韧剂用量少时效果显著，用量增大效果反而降低；由于基体本身有较好韧性，因此，增韧倍率不像弹性体增韧脆性塑料那样大，一般只增韧几倍，但体系的实际韧性和强度都很高。关于增韧机理，一种说法是，刚性有机粒子作为应力集中体，使基体中应力分布状态发生改变，在很强压（拉）应力作用下，脆性有机粒子发生脆—韧转变，与其周围基体一起发生"冷拉"大变形，吸收能量。也有研究者认为，刚性有机填料一方面有改变基体应力分布状态，发生"冷拉"大变形作用；更重要的是它能促进基体发生脆—韧转变，提高基体发生脆—韧转变的效率，使基体中引发大量"银纹"或"剪切带"。两种增韧机理可以同时在一个体系中存在。

四、高分子材料的物理性能

（一）高分子材料的溶液性质

多数线型或支化高分子材料置于适当溶剂并给予恰当条件（温度、时间、搅拌等），就可溶解而成为高分子溶液。高分子溶液可按浓度大小及分子链形态的不同分为：高分子极稀溶液、稀溶液、亚浓溶液、浓溶液、极浓溶液和熔体。稀溶液和浓溶液的本质区别在于稀溶液中单个大分子链线团是孤立存在的，相互之间没有交叠；而在浓厚体系中，大分子链之间发生聚集和缠结。

1.高分子材料溶解过程的特点

高分子材料因其结构的复杂性和多重性，溶解过程有自身特点。

（1）溶解过程缓慢，且先溶胀再溶解。由于大分子链与溶剂小分子尺寸相差悬殊，扩散能力不同，加之原本大分子链相互缠结，分子间作用力大，因此，溶解过程相当缓慢，常常需要几小时、几天甚至几星期。溶解过程一般为溶剂小分子先渗透、扩散到大分子之间，削弱大分子间相互作用力，使体积膨胀，称为溶胀；然后链段和分子整链的运动加速，分子链松动、解缠结；再达到双向扩散均匀，完成溶解。

（2）非晶态高分子材料比结晶高分子材料易于溶解。因为非晶态高分子材料分子链堆砌比较疏松，分子间相互作用较弱，因此，溶剂分子较容易渗入高分子材料内部使其溶胀和溶解。结晶高分子材料的晶区部分分子链排列规整，堆砌紧密，分子间作用力强，溶剂分子很难渗入其内部，因此，其溶解比非晶态高分子材料难。通常需要先升温至熔点附近，使晶区熔融，变为非晶态后再溶解。

（3）交联高分子材料只溶胀，不溶解。已知交联高分子材料分子链之间有化学键联结，形成三维网状结构，整个材料就是一个大分子，因此不能溶解。但是由于网链尺寸大，溶剂分子小，溶剂分子也能钻入其中，使网链间距增大，材料体积膨胀（有限溶胀）。

2.高分子材料的溶剂选择原则

根据理论分析和实践经验，溶解高分子材料时可按以下几个原则选择溶剂。

（1）极性相似原则。溶质、溶剂的极性（电偶极性）越相近，越易互溶，这条对小分子溶液适用的原则，一定程度上也适用于高分子溶液。例如非极性的天然橡胶、丁苯橡胶等能溶于非极性碳氢化合物溶剂（如苯、石油醚、甲苯、己烷等）；分子链含有极性基团的聚乙烯醇不能溶于苯而能溶于水中。

（2）广义酸碱作用原则。一般来说，溶解度参数相近原则适用于判断非极性或弱极性非晶态高分子材料的溶解性，若溶剂与高分子之间有强偶极作用或有生成氢键的情况则不适用。例如，聚丙烯腈的$\delta=31.4$，二甲基甲酰胺的$\delta=24.7$，按溶解度参数相近原则二者似乎不相溶，但实际上聚丙烯腈在室温下就可溶于二甲基甲酰胺，这是因为二者分子间生成强氢键的缘故。这种情况下，要考虑广义酸碱作用原则。广义的酸是指电子接受体（即亲电子体），广义的碱是电子给予体（即亲核体）。高分子材料和溶剂的酸碱性取决于分子中所含的基团。

（二）高分子材料的热性能

1.高分子材料的耐热性

高分子材料耐热性和热稳定性的高低，直接表现为材料和制品能保持外观形状和力学强度、化学组成和结构不改变所能够承受的温度的高低，是高分子材料最重要的质量指标之一。高分子材料的耐热性和热稳定性较金属和无机结构材料要低得多，决定高分子材料耐热性的关键因素是分子链化学组成和结构的热稳定性，同时也与高分子材料的凝聚态结构存在一定相关性。对于非晶态高分子材料而言，玻璃化转变温度的高低是其耐热性优劣的重要参数；对于晶态高分子材料而言，熔点的高低则是判断高分子材料耐热性的重要依据。

提高高分子材料耐热性的途径主要包括提高分子链的刚性、提高结晶度以及实施交联。

（1）提高高分子链的刚性。从高分子链的化学结构考虑，提高分子链刚性可以从三个方面入手：①尽量减少主链的单键，尤其减少可赋予分子链柔顺性的单键，如C—O键；②主链上引入共轭双键或叁键；③在主链上引入环状结构，如脂环、芳环和杂环，最好能使分子主链具有梯形结构。

（2）提高结晶度。晶态聚合物的熔点远高于同类非晶态聚合物的玻璃化转变温度，由此可见，设法使聚合物结晶并提高其结晶度，是提高高分子材料耐热性的重要途径之一。例如非晶态聚苯乙烯的玻璃化转变温度仅为80℃，而全同立构聚苯乙烯的熔点却高达243℃。

（3）交联。在合成聚合物时，通过适当的手段使其发生适度交联，形成一定程度的交联网状结构，分子链间的化学交联键能够有效阻碍分子间的滑动，从而使材料耐热性和力学性能都得到显著地提高。例如，普通聚乙烯的软化温度稍高于100℃，而辐照交联聚乙烯却能耐受250℃的高温。

2.高分子材料的热稳定性

如果说材料的耐热性主要是指其形状、尺寸及其力学性能的稳定性，即物理稳定性的话，材料的热稳定性则主要是指其化学稳定性。聚合物在较高温度条件下除发生软化甚至熔融外，还常伴随着降解、交联或分解反应的发生，从而导致其各种性能的改变。虽然聚合物受热可能发生的交联反应能够在一定时间和温度范围内提高其强度，但是却更显著而持久地表现为材料变硬、变脆或者发黏。由此可见，单纯从提高聚合物玻璃化转变温度和结晶度的角度考虑，还不足以全面改善聚合物的耐热性和热稳定性。

由于聚合物的热降解或交联反应与受热条件下分子主链上或链间化学键的断裂直接相关，所以组成聚合物分子链的化学键键能的高低客观地反映了材料热稳定性的优劣。差热分析和热重分析可用来测定聚合物的玻璃化转变温度、熔点和热分解温度等，是表征聚合物耐热性和热稳定性的重要方法。

提高高分子材料热稳定性的途径包括：① 在大分子中尤其是主链上避免弱化学键；② 在分子主链上引入苯环、杂环和梯形结构；③ 合成主链不含碳原子的元素有机高分子。

3.高分子材料的导热性

由于高分子材料的导热系数比金属低得多，即使其外层温度很高甚至达到使高分子材料燃烧的温度，其内层及被其覆盖的其他材料短时间内的温度也不会迅速升高，因此，高分子材料的这种绝热性能在航空航天领域得到广泛应用。

固态高分子材料的导热系数范围较窄，一般在 $0.22W/(m \cdot K)$ 左右。结晶聚合物的导热系数稍高一些，而非晶聚合物的导热系数随相对分子质量增大而增大，这是因为热传递沿分子链进行比在分子间进行要容易。同样加入低分子的增塑剂会使导热系数下降。取向引起导热系数的各向异性，沿取向方向导热系数增大，垂直方向减小。微孔聚合物的导热系数非常低，一般为 $0.03W/(m \cdot K)$ 左右，且随密度的下降而减小。

4.高分子材料的比热容及热膨胀性

高分子材料的比热容主要是由化学结构决定的，一般在 $1 \sim 3kJ/(kg \cdot K)$，比金属及无机材料的大。

聚合物的热膨胀性比金属及陶瓷大，一般在 $4 \times 10^{-5} \sim 3 \times 10^{-5}$。聚合物的膨胀系数随温度的提高而增大，但一般并非温度的线性函数。

（三）高分子材料的电性能

高分子材料，如聚四氟乙烯、聚乙烯、聚氯乙烯、环氧树脂、酚醛树脂等，是极好的电器材料。高分子材料的电性能主要由其化学结构所决定，受其微观结构影响较小。

1.导电性能

高分子材料的体积电阻率常随充电时间的延长而增加。因此，常规定采用1min的体积电阻率数值。在各种电工材料中，高分子材料通常是电阻率非常高的绝缘体。要使聚合物具有导电性，就必须提升大分子主链上原子的电子能级，同时使禁带消失或变窄。例如，使大分子主链成为连续共轭体系的聚乙炔，开创了导电高分子材料研究和应用的新纪元。另外，具有平面共轭结构和环状共轭结构的高分子材料也具有较好的导电性。

2.介电性能

高分子材料的介电性能是指材料在电场中因极化作用而表现出对静电能的储存以及在交变电场中的损耗等性质。具有介电特性的材料称为电介质，一般电介质属于绝缘体，在电场中能够发生极化，但是不会产生荷电粒子。

（1）介电常数。设真空条件下平板电容器的电容值为C_0，如果在其两极板之间施加直流静电场，设两个电极板上产生的感应电荷Q_0。如果将电容器置于电介质之中，则由于电场作用使电容器两个极板上的感应电荷增加Q'，导致电容器的实际电容也随之增加，将电容器处于电介质中实际电容与处于真空条件下的电容之比值定义为介电常数。

$$\varepsilon = C/C_0 \qquad\qquad (6-1)$$

介电常数反映电介质储存电能的能力大小，是电介质极化作用大小的宏观表现，其数值范围为1～10。非极性高分子材料的介电常数为2左右，极性高分子材料为3～9。

（2）介电损耗。电介质在交变电场作用下，由于发热而消耗的能量称为介电损耗。产生介电损耗的原因有两个：一是因电介质中微量杂质而引起的漏导电流；另一个原因是电介质在电场中发生极化取向时，由于极化取向与外加电场有相位差而产生的极化电流损耗，后者是主要原因。

在交变电场中，介电常数可用复数形式表示

$$\varepsilon = \varepsilon' - i\varepsilon'' \qquad\qquad (6-2)$$

式中：ε'为与电容电流相关的介电常数，即实数部分，它是实验测得的介电常数；ε''为与电阻电流相关的分量，即虚数部分。损耗角δ的正切，$\tan\delta = \varepsilon''/\varepsilon'$，称为介电损耗。

聚合物的介电损耗即介电松弛与力学松弛原理上是一样的。介电松弛是在交变电场刺激下的极化响应。它决定于松弛时间与电场作用时间的相对值。当电场频率与某种分子极化运动单元松弛时间r的倒数接近或相等时，相位差最大，产生共振吸收峰即介电损耗峰。从介电损耗峰的位置和形状可推断所对应的偶极运动单元的归属。聚合物在不同温度下的介电损耗叫介电谱。

对非极性聚合物，极性杂质常常是介电损耗的主要原因。非极性聚合物的$\tan\delta$一般小于10^{-4}，极性聚合物的$\tan\delta$在$5 \times 10^{-3} \sim 10^{-1}$。

（3）介电强度。当电场强度超过某一临界值时，电介质就丧失其绝缘性能，这称为电击穿。发生电击穿的电压称为击穿电压。击穿电压与击穿处介质厚度之比称为击穿电场强度、简称介电强度。

聚合物介电强度可达1000MV/m。介电强度的上限是由聚合物结构内共价键电离能所决定的。当电场强度增加到临界值时，撞击分子发生电离，使聚合物击穿，称为纯电击穿或固有击穿。这种击穿过程极为迅速，击穿电压与温度无关。

3. 高分子材料的静电现象

两种物体互相接触和摩擦时会有电子的转移而使一个物体带正电，另一个带负电，这种现象称为静电现象。高分子材料的高电阻率使它有可能积累大量静电荷，如聚丙烯腈纤维因摩擦可产生高达1500V的静电压。一般介电常数大的聚合物带正电，小的带负电。

可通过体积传导、表面传导等不同途径来消除静电现象，其中以表面传导为主。目前工业上广泛采用的抗静电剂都是用以提高聚合物的表面导电性。抗静电剂一般都具有表面活性剂的功能，常增加聚合物的吸湿性而提高表面导电性，从而消除静电现象。

（四）高分子材料的光学性能

以聚甲基丙烯酸甲酯（又称有机玻璃）为代表的合成高分子材料是性能优良的光学材料，广泛用于航空航天和光导材料。通常情况下，非晶的均聚物具有是好的透明性，但大多数非均相的结晶聚合物和共混物则是不透明或半透明的。高分子材料的光学性能体现在材料的透明性、折射率、双折射、对光的反射、吸收和透射等。

1.高分子材料对光的折射与双折射

高分子材料的摩尔折光率具有加和性，这与其内聚能密度具有加和性相似。因此，可以按照聚合物大分子链所含原子和原子团对摩尔折光率的贡献值，直接应用加和规则计算聚合物的摩尔折光率。

光线通过各向异性介质时会折射成为传播方向不同的两束折射光，这种现象称为"双折射"现象。非晶聚合物和结晶聚合物的熔体属于各向同性物质，不会产生双折射现象，但它们经过取向处理后转变为各向异性，可以观察到双折射现象。结晶聚合物的双折射现象则更是普遍存在。

2.高分子材料对光的反射

被广泛用作光导纤维的高分子材料对光线具有良好的反射和传导功能，其对光的反射性能又直接关系到光导纤维对光信号的传输速率。

当一束光照射到均匀而透明的高分子材料时，一部分光线折射进入材料，另一部分光线会从材料表面或内部反射出来。当入射角接近某一临界角度时，反射光强会接近于入射光强；当入射角大于临界角时，入射光被全部反射，这就是全反射。对于高分子材料而言，其临界角约为$41.8°$，因此，当光线的入射角为$242°$时，光线将在高分子材料与空气之间的界面上发生全反射，这就是高分子材料作为光导纤维能够高效率地传输光信号的原理。对于光导纤维，要充分保证全反射的条件还要求纤维的弯曲半径必须大于纤维直径的3倍，这样可以有效地避免光线在光导纤维弯曲的界面因透射作用而衰减。将光导纤维用于医学检测仪器如各种内腔镜导管，可以使光线沿着纤维任意"拐弯"，从而很方便地检查人体内部复杂的器官和组织的病变。

当光线在透明高分子材料中进行全反射时，高分子材料就显得极为明亮。利用这一原理可以制作各种照明器，如汽车尾灯、夜视路标等。

3.高分子材料的透明度

当光线照射到材料表面时，通过材料的透射光强与入射光强之比被称为透射比（或透过率或透明度）。材料的透明度取决于材料对光线的反射、吸收和散射这三个因素。透明材料对光线的吸收和散射相对于反射而言可以忽略不计；不透明材料对光线是高度散射的，其透射光强几乎为零；通常将对光线几乎不吸收、透过率却低于90%的材料归为半透明材料。

大多数非晶聚合物在可见光区并无特别选择性吸收，因此均表现为无色透明。部分结晶聚合物中由于存在光散射作用而使其透明性降低，多呈现半透明或乳白色，其内部微晶区与周围非晶区之间存在相对密度和取向度的差异，这是导致它们对光线产生散射的直接原因。结晶聚合物通常是不透明的，当晶粒尺寸大于可见光波长时，由于折光指数的局部差异而使聚合物不透明；随着晶粒尺寸的减小，聚合物的透明性增加；当晶粒尺寸小于可见光波长时，聚合物就成为透明的了。

五、高分子材料的化学性能

高分子材料的化学性能包括在化学因素和物理因素作用下所发生的化学反应。

（一）聚合物的化学反应

由官能团等活性理论，官能团的反应活性并不受所在分子链长短的影响，因此，聚合物大分子链上官能团的性质与小分子上相应官能团的性质并无区别，带有官能团的小分子所进行的化学反应，大分子上相应的官能团也能进行。利用大分子上官能团的化学反应，可进行聚合物的改性、接枝、交联等反应，也可制备新的聚合物例如乙烯醇因很易异构化为乙醛而不能单独存在，所以无法用乙烯醇制取聚乙烯醇。聚乙烯醇是通过聚乙酸乙烯酯中酯键的醇解反应而制得的。

由于聚合物相，对分子质量高且具有多分散性、结构复杂，高分子的化学反应也具有自身的特征。

①在化学反应中，扩散因素常常成为反应速度的决定步骤，官能团的反应能力受聚合物相态（晶相或非晶相）、大分子的形态等因素影响很大。

②分子链上相邻官能团对化学反应有很大影响。分子链上相邻的官能团，由于静电作用、空间位阻等因素，可改变官能团反应能力，有时使反应不能进行完全。

典型的聚合物化学反应包括聚二烯烃的加成反应、聚烯烃的接枝反应、聚酯的醇解和水解、苯环侧基的取代反应、纤维素的化学改性、聚合物的降解和交联等。

（二）高分子材料的老化

高分子材料及其制品在使用或贮存过程中由于环境（光、热、氧、潮湿、应力、化学侵蚀等）的影响，性能（强度、弹性、硬度、颜色等）逐渐变坏的现象称为老化。这种情况与金属的腐蚀是相似的。

1. 光氧化

聚合物在光的照射下，分子链的断裂取决于光的波长与聚合物的键能。各种键的离解能为 $167 \sim 586 kJ \cdot mol$，紫外线的能量为 $250 \sim 580 kJ \cdot mol$。在可见光的范围内，高分子材料一般不被离解，但呈激发状态。因此在氧存在下，高分子材料易于发生光氧化过程。

水、微量的金属元素特别是过渡金属及其化合物都能加速光氧化过程。

为延缓或防止聚合物的光氧化过程，需加入光稳定剂。常用的光稳定剂有紫外线吸收剂，如邻羟基二苯甲酮衍生物、水杨酸酯类等。光屏蔽剂，如炭黑金，属减活性剂（又称淬灭剂），它是与加速光氧化的微量金属杂质起螯合作用，从而使其失去催化活性能量转移剂，它从受激发的聚合物吸收能量以消除聚合物分子的激发状态，如镍、钴的络合物就有这种作用。

2. 热氧化

聚合物的热氧（老）化是热和氧综合作用的结果。热加速了聚合物的氧化，而氧化物的分解导致了主链断裂的自动氧化过程。氧化过程是首先形成氢过氧化物，再进一步分解而产生活性中心（自由基）。一旦形成自由基之后，即，开始链式的氧化反应。

为获得对热、氧稳定的高分子材料制品，常需加入抗氧剂和热稳定剂。常用的抗氧剂有仲芳胺、阻碍酚类、苯醌类、叔胺类以及硫醇、二烷基二硫代氨基甲酸盐、亚磷酸酯等。热稳定剂有金属皂类、有机锡等。

3. 化学侵蚀

由于受到化学物质的作用，高分子材料发生化学变化而使性能变劣的现象称为化学侵蚀，如聚酯、聚酰胺的水解等。上述的氧化也可视为化学侵蚀。化学侵蚀所涉及的问题就是聚合物的化学性质。因此，在考虑高分子材料的老化以及环境影响时，要充分估计聚合物可能发生的化学变化。

4. 生物侵蚀

合成高分子材料一般具有极好的耐微生物侵蚀性。软质聚氯乙烯制品因含有大量增塑剂会遭受微生物的侵蚀。某些来源于动物、植物的天然高分子材料，如酪蛋白纤维素以及含有天然油的涂料，如醇酸树脂等，亦会受细菌和霉菌的侵蚀。某些高分子材料，由于质地柔软易受蛀虫的侵蚀。

（三）高分子材料的燃烧特性

大多数聚合物都是可以燃烧的，尤其是目前大量生产和使用的高分子材料如聚乙烯、聚苯乙烯、聚丙烯、有机玻璃、环氧树脂、丁苯橡胶、丁腈橡胶、乙丙橡胶等都是很容易燃烧的材料。因此了解聚合物的燃烧过程和高分子材料的阻燃方法是十分重要的。

1. 高分子材料的燃烧过程

燃烧通常是指在较高温度下物质与空气中的氧剧烈反应并发出热和光的现象。物质产生燃烧的必要条件是可燃、周围存在空气和热源。使材料着火的最低温度称为燃点或着火点。材料着火后，其产生的热量有可能使其周围的可燃物质或自身未燃部分受热而燃烧。这种燃烧的传播和扩展现象称为火焰的传播或延燃。若材料着火后其自身的燃烧热不足以使未燃部分继续燃烧则称为阻燃、自熄或不延燃。

高分子材料的燃烧过程包括加热、热解、氧化和着火等步骤。在加热阶段，高分子材料受热而变软、熔融并进而发生分解，产生可燃性气体和不燃性气体。当产生的可燃性气体与空气混合达到可燃浓度范围时即发生着火。着火燃烧后产生的燃烧热使气、液及固相的温度上升，燃烧得以维持。在这一阶段、主要的影响因素是可燃气体与空气中氧的扩散速度和高分子材料的燃烧热。延燃与高分子材料的燃烧热有关，也受高分子材料表面状况、暴露程度等因素的影响。

不同高分子材料，燃烧的传播速度也不同。燃烧速度是高分子材料燃烧性的一个重要指标，一般是指在有外部辐射热源存在下水平方向火焰的传播速度。一般而言，烃类聚合物燃烧热最大，含氧聚合物的燃烧热则较小。聚合物的燃烧速率与高反应活性的·OH自由基密切相关。若抑制·OH的产生，就能达到阻燃的效果。目前使用的许多阻燃剂就是基于这一原理。

在火灾中燃烧往往是不完全的，不同程度地产生挥发性化合物和烟雾。许多高分子材料在燃烧时产生有毒的挥发物质。含氮聚合物如聚氨酯、聚酰胺、聚丙烯腈，会产生氰化氢。氯代聚合物如PVC等，会产生氯化氢。

2. 氧指数

所谓氧指数就是在规定的条件下，试样在氧气和氮气的混合气流中维持稳定燃烧所需的最低氧气浓度，用混合气流中氧所占的体积分数表示。氧指数是衡量高分子材料燃烧难易的重要指标，氧指数越小越易燃。

由于空气中含21%左右的氧，所以氧指数在22%以下的属于易燃材料；在22%～27%的为难燃材料，具有自熄性；27%以上的为高难燃材料。然而这种划分只有相对意义，因为高分子材料的阻燃性能还与其他物理性能如比热容、热导率、分解温度以及燃烧热等有关。

3. 高分子材料的阻燃

高分子材料的阻燃性就是它对早期火灾的阻抗特性。含有卤素、磷原子等的聚合物一般具有较好的阻燃性。但大多数聚合物是易燃的，常需加入阻燃剂、无机填料等来提高聚合物的阻燃性。

阻燃剂，就是指能保护材料不着火或使火焰难以蔓延的试剂。阻燃剂的阻燃作用，是因其在高分子材料燃烧过程中能阻止或抑制其物理的变化或氧化反应速度。具有以下一种或多种效应的物质都可用作阻燃剂。

（1）吸热效应。其作用是使聚合物的温度上升困难。例如具有10个分子结晶水的硼砂，当受热释放出结晶水时需吸收142kJ/mol的热量，因而抑制聚合物温度的上升，产生阻燃效果。氢氧化铝也具有类似的作用。

（2）覆盖效应。在较高温度下生成稳定的覆盖层或分解生成泡沫状物质覆盖于聚合物表面，阻止聚合物热分解出的可燃气体逸出并起到隔热和隔绝空气的作用，从而产生阻燃效果。如磷酸酯类化合物和防火发泡涂料。

（3）稀释效应。如磷酸铵、氯化铵、碳酸铵等。受热时产生不燃性气体CO_2、NH_3、HCl、H_2等，起到稀释可燃性气体作用，使其达不到可燃浓度。

（4）转移效应。如氯化铵、磷酸铵等可改变高分子材料热分解的模式，抑制可燃性气体的产生，从而起到阻燃效果。

（5）抑制效应（捕捉自由基）。如溴、氯的有机化合物，能与燃烧产生的·OH自由基作用生成水，起到连锁反应抑制剂的作用。

（6）协同效应。有些物质单独使用并不阻燃或阻燃效果不大，但与其他物质配合使用就可起到显著的阻燃效果。三氧化二锑与卤素化合物的共用就是典型的例子。

目前使用的添加型阻燃剂可分为无机阻燃剂（包括填充剂）和有机阻燃剂。其中无机阻燃剂的使用量占60%以上。常用的无机阻燃剂有氢氧化铝、三氧化二锑、硼化物、氢氧化镁等。有机阻燃剂主要有磷系阻燃剂，如磷酸三辛酯、三（氯乙基）磷酸酯等；有机卤系阻燃剂如氯化石蜡、氯化聚乙烯、全氯环戊癸烷以及四溴双酚A和十溴二苯酰等。

（四）高分子材料的力化学性能

高分子材料的力化学性能是指高分子材料在机械力作用下所产生的化学变化。高分子材料在塑炼、挤出、破碎、粉碎、摩擦、磨损、拉伸等过程中，在机械力的作用下会发生一系列的化学过程，甚至在测试、溶胀过程中也会产生力化学过程。力化学过程对高分子材料的加工、使用和制备等方面均具有十分重要的作用和意义。

1.力化学过程

聚合物在力的作用下，由于内应力分布不均或冲击能量集中在个别链段上，首先达到临界应力使化学键断裂，形成自由基、离子、离子自由基之类的活性基团，多数情况下是形成大分子自由基。这种初始形成的自由基（或其他活性粒子）引发链式反应。依反应条件（温度、介质等）和大分子链及大分子自由基（或其他活性粒子）结构的不同，链增长反应可朝不同的方向进行，例如力降解、力结构化、力合成、力化学流动等。最后通过歧化或偶合反应发生链终止，生成稳定的力化学过程产物。

很多情况下，机械力并不直接产生活性基团，引发链式反应，而是产生力活化过程。所谓力活化是指在机械作用下加速了化学过程或其他过程，如光化学过程、物理化学过程等，其作用犹如化学反应中的催化剂。

力活化可与化学反应同时发生（自身力活化），也可在化学反应之前发生（后活化效应）。

力作用于聚合物时还常伴有一系列的物理现象。如发光、电子发射、产生声波及超声波、红外线辐射等。这些物理过程对力化学过程及其进行的方向会有不同程度的影响。因此，聚合物力化学过程是十分复杂的，目前尚处于研究的初期阶段。力化学过程可按转化方向和结果分为力降解、力结构化、力合成、力化学流动等不同类型。

2.力降解

聚合物在塑炼、破碎、挤出、磨碎、抛光、α一次或多次变形以及聚合物溶液的强力搅拌中，由于受到机械力的作用，大分子链断裂、相对分子质量下降的力化学现象称为力降解。力降解的结果使聚合物性能发生显著变化。

（1）聚合物相对分子质量下降，相对分子质量分布变窄。聚合物的相对分子质量越大，对力降解越敏感，降解速度越大，其结果是使相对分子质量分布变窄。

（2）产生新的端基及极性基团。力降解后大分子的端基常发生变化。非极性聚合物中可能生成极性基团，碱性端基可能变成酸性，饱和聚合物中生成双键等。

（3）溶解度发生改变。例如高分子明胶仅在40℃以上溶于水，而力降解后能完全溶于冷水。溶解度的变化是相对分子质量下降、端基变化及主链结构改变所致。

（4）可塑性改变。例如橡胶经过塑炼可改善与各种配合剂的混炼性以便于成型加工。这是相对分子质量下降引起的。

（5）力结构化和化学流动。某些带有双键、α-次甲基等的线型聚合物在机械力作用下会形成交联网络，称为力结构化作用。根据条件的不同，可能发生交联，或者力降解和力交联同时进行。由于力降解，不溶的交联聚合物可变成可溶状态并能发生流动，生成分散体，分散粒子为交联网络的片断。这些片断可在新状态下重新结合成交联网络，其结果是宏观上产生不可逆流动，此种现象称为力化学流动。马来酸聚酯、酚醛树脂、硫化橡胶等都能出现这种现象。

力降解的程度、速度及结果与聚合物的化学特性、链的构象、相对分子质量以及存在的自由基接受体特性、介质性质和机械力的类型等都有密切关系。玻璃态时，力降解温度系数为零，高弹态时为负值。随着温度升高，当热降解开始起作用时，温度系数按热反应的规律增大。温度系数为零或负值并不能证明力降解的活化能为零，只表明活化机理的特殊性。这与光化学过程是相似的。

3.力化学合成

力化学合成是指聚合物—聚合物、聚合物—单体、聚合物—填料等体系在机械力作用下生成均聚物及共聚物的化学合成过程。

当一种聚合物遭受力裂解时，生成的大分子自由基与大分子中的反应中心作用进行链增长反应，产生支化或交联。两种以上的不同聚合物在一起发生力裂解时，则可形成不同类型的共聚物，如嵌段共聚物、接枝共聚物或共聚物网络。这种力化学合成过程对聚合物共混体系十分重要。例如聚氯乙烯与聚苯乙烯共混物生成的共聚物可改进加工性能。像聚乙烯和聚乙烯醇这类亲水性相差很大的聚合物在力化学共聚时能生成亲水的、透气的组分。

聚合物在一种或几种单体存在下，力裂解时可生成一系列嵌段或接枝的共聚物。例如马来酸酐与天然橡胶、丁苯橡胶等的力化学共聚物有十分重要的实用意义。

用机械力将固态高分子材料破碎时，依固体的不同，在新生成的表面上可产生不同特性的活性中心。在有单体或聚合物存在时，可在固体表面上结合制得与聚合物发生化学结合的聚合物-填料体系。例如，聚丙烯与磺化碱木质素在25～250℃共同加工时可生成支化、接枝体系，具有高强度及其他宝贵性质，是很贵重的薄膜材料。又如在球磨或振动磨中，将丁苯橡胶或丁腈橡胶与温石棉一起加工时，橡胶在石棉粒子上接枝。

参考文献

［1］张凤，范松婕，蔡锟. 材料的化学制备与性能测试实验教程［M］. 北京：中国纺织出版社有限公司，2021.

［2］赵丽敏，高聪丽，张雪静. 无机化学基础理论及无机材料性能研究［M］. 中国原子能出版社，2021.

［3］宿辉. 材料化学［M］. 2版. 北京：国家图书馆出版社，2021.

［4］邱萍，董玉华，张瑛. 材料电化学基础［M］. 北京：化学工业出版社，2021.

［5］董清华，刘亚莉. 金属材料化学分析［M］. 北京：机械工业出版社，2021.

［6］李茸，贾瑛，刘渊. 化学镀法改性吸波纤维及粉体材料［M］. 西安：西北工业大学出版社，2021.

［7］孙世刚. 电化学能源材料结构设计和性能调控［M］. 北京：科学出版社，2021.

［8］刘志明. 材料化学［M］. 北京：中国林业出版社，2021.

［9］荀其宁，李艳玲，毛如增. 非金属材料化学分析［M］. 北京：机械工业出版社，2021.

［10］张先亮，陈新兰，唐红定. 精细化学品化学［M］. 3版. 武汉：武汉大学出版社，2021.

［11］范长岭. 材料化学基础实验［M］. 长沙：湖南大学出版社，2020.

［12］陈刚. 高等材料物理化学［M］. 哈尔滨：哈尔滨工业大学出版社，2020.

［13］万俊. 机械冶金与材料化学方法研究［M］. 北京：中国原子能出版社，2020.

［14］任慧，刘洁，马帅. 含能材料无机化学基础［M］. 2版. 北京：北京理工大学出版社，2020.

［15］周芹. 新型碳纳米材料的制备、应用及化学功能化［M］. 哈尔滨：黑龙江大学出版社，2020.

［16］闫慧君. Ni、Co、Fe基复合材料的制备及其电化学性能研究［M］. 重庆：重庆大学出版社，2020.

［17］朱谱新. 淀粉材料化学［M］. 北京：科学出版社，2020.

［18］张会刚. 电化学储能材料与原理［M］. 北京：科学出版社，2020.

［19］宋诗稳. 纳米材料化学修饰电极的应用研究［M］. 北京：中国原子能出版社，2020.

［20］林营. 无机材料科学基础［M］. 西安：西北工业大学出版社，2020.

［21］葛金龙. 材料化学专业实验［M］. 合肥：中国科学技术大学出版社，2019.

［22］连芳. 电化学储能器件及关键材料［M］. 北京：冶金工业出版社，2019.

［23］陈润锋，郑超，李欢欢. 有机化学与光电材料实验教程［M］. 南京：东南大学出版社，2019.

［24］韩丽娜. 功能多孔材料的控制制备及其电化学性能研究［M］. 北京：冶金工业出版社，2019.

［25］周春辉，Kim Yang，余承忠，等. 超分子化学、纳米技术与非金属矿功能材料［M］. 北京：中国建材工业出版社，2019.

［26］李奇，陈光巨. 材料化学［M］. 3版. 北京：高等教育出版社，2019.

［27］徐庆红. 有机—无机复合材料化学［M］. 天津：天津科学技术出版社，2019.

［28］孙晓东，张乐. 化学化工材料与新能源［M］. 长春：吉林大学出版社，2019.

［29］何妍. 有机化学与有机材料研究［M］. 昆明：云南科技出版社，2019.

［30］曾蓉，张爽，邹淑芬. 新型电化学能源材料［M］. 北京：化学工业出版社，2019.

［31］黄在银，李星星. 纳米材料及其光催化物理化学［M］. 北京：化学工业出版社，2019.

［32］俞园园. 化学化工材料与新能源研究［M］. 哈尔滨：哈尔滨地图出版社，2019.

［33］赵立平. 新型电池材料与化学电源研究［M］. 长春：吉林科学技术出版社，2019.